断奶不断爱
科学断奶与辅食添加

薛亦男 编著

陕西新华出版传媒集团

陕西科学技术出版社
Shaanxi Science and Technology Press

图书在版编目（CIP）数据

断奶不断爱，科学断奶与辅食添加 / 薛亦男编著 .
— 西安 ：陕西科学技术出版社，2017.7
ISBN 978-7-5369-6975-9

Ⅰ．①断… Ⅱ．①薛… Ⅲ．①婴幼儿－食谱 Ⅳ．
① TS972.162

中国版本图书馆 CIP 数据核字（2017）第 081827 号

断奶不断爱，科学断奶与辅食添加

DUAN NAI BU DUAN AI, KEXUE DUAN NAI YU FUSHI TIANJIA

出 版 者	陕西新华出版传媒集团　陕西科学技术出版社
	西安北大街 131 号　邮编 710003
	电话（029）87211894　传真（029）87218236
	http://www.snstp.com
发 行 者	陕西新华出版传媒集团　陕西科学技术出版社
	电话（029）87212206　（029）87260001
文案统筹	深圳市金版文化发展股份有限公司
摄影摄像	深圳市金版文化发展股份有限公司
印　　刷	深圳市雅佳图印刷有限公司
规　　格	723mm×1020mm　16 开本
印　　张	12
字　　数	200 千字
版　　次	2017 年 7 月第 1 版
	2017 年 7 月第 1 次印刷
书　　号	ISBN 978-7-5369-6975-9
定　　价	36.80 元

前言

　　母乳是宝宝吃到的第一口食物，带给了宝宝成长的力量和情感的呵护。那段"咕嘟咕嘟使劲儿吃奶""妈妈就是全部"的温馨时光，虽短暂却深深镌刻在内心深处，那是至真至美的母爱。每一位宝宝都喜欢妈妈的奶水，但是随着宝宝的长大，他需要更多的营养，更多的食物，他要学着自己吃饭，只能慢慢和妈妈的奶水说"再见"！

　　为了能让只熟悉母乳或配方乳的宝宝将来能"和大人一样吃饭"，妈妈在慢慢断奶之余，需要让宝宝练习吃米饭、吃蔬菜和水果、吃肉，需要给宝宝准备符合他成长阶段的辅食。这期间，妈妈难免会有些困惑，小宝宝的肠胃是那样娇弱，辅食到底要何时添加、怎么添加，才能满足宝宝的营养需求，让宝宝逐步适应并爱上吃辅食呢？

　　其实，吃饭是宝宝与生俱来的能力，只要按照他的成长步调，一步步推进即可。这本《断奶不断爱，科学断奶与辅食添加》介绍了丰富的食谱和科学实用的辅食制作方法，只要妈妈跟着书中介绍，一样一样地准备，一匙一匙地喂，宝宝自然就会慢慢学会吞咽、学会咀嚼，长出好牙口，拥有好胃口了。

　　吃饭即生活，美食即乐趣。让宝宝快乐地吃辅食，安心断奶，是每一位爸爸妈妈需要做的事。请尽情享受与孩子一起围着餐桌吃饭的快乐生活吧！

目录 CONTENTS

1
Chapter

断奶指南：
爱宝宝，
适时给宝宝断奶

吞咽期：

3
Chapter

我想尝试新味道，
不多，简单就好！

4
Chapter

蠕嚼期：
我想吃多一点、杂一点，
长出好牙口！

细嚼期：

5

Chapter

我要自己慢慢嚼，
这样才更有滋味！

6 Chapter

咀嚼期：

我已经长大了，
可以做个小小美食家了！

宝宝生病时：

7 Chapter
妈妈说，我要这样吃才能好得快！

我喜欢吃妈妈的奶水，我知道那都是妈妈对我的爱。不过妈妈，我也要开始学着自己吃饭，这样才能真正长大。

1

Chapter

断奶指南：

爱宝宝，
适时给宝宝断奶

母乳虽是宝宝出生后必不可少的营养源泉，但它却只会陪伴宝宝度过生命中较为短暂的一段时光。当小宝贝慢慢长大，断奶便是一件顺其自然的事情。断奶并不是立马就不喝奶了，怎样在恰当的时机，给宝宝顺利断奶，并保证宝宝的营养不缺席，是每一位妈妈的必修课。

断奶，是一个自然过程

喝母乳或牛奶的时间，只是宝宝一生中较为短暂的一段时光。当宝宝渐渐长大，断奶便是一件顺其自然的事情，不用太刻意，也不用回避。爸爸妈妈们只需根据宝宝的生长发育情况，及时接收宝宝的断奶信号，做好准备即可。

1 适时断奶，宝宝更健康

母乳或配方乳的营养价值是有限的，它们能满足新生儿和小月龄婴儿的营养需求，但是等宝宝生长到一定阶段，便显现出了不足。尤其是在宝宝1岁之后，妈妈母乳的质和量都在逐渐下降和减少，如果还不能慢慢断奶，宝宝就会出现营养不良、消瘦、贫血、免疫力低下等状况。如果到了2岁后还不能断奶，会形成恋奶的习惯，反而不利于培养宝宝的独立意识，进而影响宝宝的健康成长。但是，断奶也不能过早。断奶过早，宝宝只能通过摄入更多的辅食来满足发育需求，这时宝宝的消化功能尚不健全，过多地增加辅食会引起消化不良、腹泻或营养不良等后果。

一般认为婴儿长到1岁之后断奶比较合适，最晚也不能晚于2岁，这需要根据宝宝实际的身体状况而定。

2 母乳本身的"断奶警告"

随着分娩后时间的增长，母乳本身的营养成分也在发生变化。从下图中可以看出，到分娩9个月左右，母乳中蛋白质的含量会缩减到最初的50%左右，矿物质含量也不足最初的70%，已经无法满足宝宝的营养需求。可以说，9个月是宝宝成长的一个转折点。在此之前，宝宝可以从母乳或配方乳中获取大部分营养，但9个月大之后就必须依赖正常的一日三餐来补充营养。而且，妈妈母乳的分泌量也会开始出现生理性减少。母乳的这一系列变化，意味着婴儿不得不在一定的阶段开始断奶，并适时添加辅食。

类别与时间	蛋白质（%）	脂肪（%）	糖（%）	矿物质（%）
初乳（1～12天）	2.25	2.83	2.59	0.3077
过渡乳（13～30天）	1.56	4.87	7.74	0.2407
成熟乳（2～9个月）	1.15	3.26	7.50	0.2062
晚乳（10个月以后）	1.07	3.16	7.47	0.1978

3 宝宝发出的"断奶信号"

宝宝断奶是一个非常自然的过程，生长到一定的阶段，宝宝的身体自然会发送出"断奶信号"，爸爸妈妈们也可以把它们当作是辅食添加的信号。

5~6个月：宝宝能够独立坐了

宝宝能够翻身，可以坐稳；喜欢吮吸自己的手指和拳头，抓住东西就放到嘴里吸吮或舔舐；看到大人吃饭时，小嘴会做出咀嚼的动作；把汤匙等器具送进嘴里，很少用舌头将其推出。

7~8个月：宝宝乳牙长了好几颗

长出好几颗乳牙，更喜欢把能抓到手的东西塞进嘴里了；爬行变得更加灵活；咀嚼能力变强，对食物越来越感兴趣；跟大人一起吃饭时，会模仿大人的咀嚼动作，甚至看到勺子就流口水。

9~11个月：爱抢勺子、爱抓饭吃

手指变得灵活，喜欢用手捏食物；借助辅助可以自己站立了；乳牙越长越多，可以吃颗粒更大的辅食了；能够熟练地拿起奶瓶或水杯；爱抢勺子，喜欢用手抓饭吃。

12~18个月：能自己吃饭了

会走路了，开始理解大人说的话，并开始有了自己的小情绪；对母乳或牛奶的兴趣越来越小；自己吃饭的能力不断增强，手抓饭越来越熟练，对食物有了偏好。

科学断奶，妈妈必修课

断奶是一门学问，不少妈妈认为只要几天不让宝宝喝奶就可以断奶，其实断奶远没那么简单。断奶的目的是让宝宝能够得到更丰富的营养，并锻炼其咀嚼、吃饭的能力，应该根据宝宝的发育情况一步步进行。

1 给宝宝断奶，得慢慢来

妈妈不要突然给宝宝断奶，这样做既不利于宝宝的身体健康，也不利于辅食的添加。宝宝的消化系统尚未发育成熟之时，完全断奶会影响其生长发育，而且宝宝对母乳以外的食物有一个适应的过程，很多宝宝在断奶初期并不愿意吃辅食。只有等到宝宝长到足够大，能够适应大部分辅食，并不再强烈依赖母乳时，断奶任务才算是完成了，这一过程可能会持续6个月到1年的时间。

这漫长的时间中，宝宝可能还会出现很多反常举动，比如容易哭闹、夜惊、拒食等。对母乳依赖较强的宝宝，看不到妈妈，还会产生一种焦虑的情绪，甚至生病、消瘦。这时，妈妈一定要注意，千万不要急躁，虽然喂奶的次数减少了，但依然要多陪陪孩子，安抚好孩子，让孩子感受到妈妈没有断离的爱。

2 断奶不是不喝奶

不少妈妈认为，断奶就是停止给宝宝喂母乳，甚至连配方乳也不喂了，这是错误的观念。断奶开始后，妈妈应该按计划正常喂养宝宝，当宝宝对母乳以外的食物流露出浓厚的兴趣时，或者消化系统发育至能够消化母乳或配方乳以外的食物时，再慢慢添加辅食，减少授乳量。断奶刚开始时就停止授乳，容易使宝宝抵抗力下降，易患疾病，妈妈心理上也容易产生焦虑的情绪。

3 断奶前先给宝宝做体检

每个宝宝生长发育的情况不尽相同，有些宝宝发育速度快，有些则较慢。断奶前去医院进行体检，能够帮助爸爸妈妈判断宝宝消化系统等各方面发育是否正常，只有在发育正常的情况下，才可以开始断奶。如果宝宝的消化系统发育速度慢，就无法消化其他食物，断奶会使其营养摄入不足，影响发育。爸爸妈妈切不可在得知其他同龄宝宝开始断奶后，就给自己的宝宝断奶，而应视自家宝宝的体检情况而定。

4　宝宝生病时不宜断奶

如果恰逢宝宝生病、出牙，或是搬家、妈妈要去上班等事情，应暂缓断奶计划。因为，如果在此时宝宝的身体或情绪都较为脆弱，贸然断奶，改变喂养方式，会加重宝宝的身体负担，甚至导致健康状况恶化，给以后的断奶也增加了难度。

夏天天气炎热时也不宜断奶，因为夏天宝宝胃肠道消化功能弱，而断奶后势必要添加辅食，容易引起宝宝消化不良。

5　断奶与辅食添加应该同时进行

辅食添加是断奶的准备工作，等辅食添加顺利了，宝宝就可以自然断奶了，在宝宝完全断奶前，母乳与辅食添加要同时进行一段时间。因为刚开始断奶时，宝宝可能会拒绝吃辅食，再加上宝宝的生长发育所需的很多营养必须从母乳中获得，所以断奶应该和辅食添加同时进行。断奶的过程中，除了添加丰富多样的辅食外，妈妈还可以逐渐延长哺乳的间隔时间，慢慢改变宝宝吃奶的固定习惯，并训练宝宝用奶瓶喝水、用勺子吃饭的习惯，从而逐渐减少宝宝对母乳的依赖。

6　宝宝适应辅食后再完全断奶

爸爸妈妈不要将断奶看成是一个任务来完成，应按计划正常喂养宝宝，当宝宝对母乳以外的食物流露出浓厚兴趣时，应及时鼓励宝宝尝试新口味，引导宝宝喜欢上吃辅食。当宝宝接受其他食物，在心理上能够接受断奶时自然而然就会完成断奶。随着宝宝的辅食添加越来越多，哺乳量逐渐减少，泌乳也会相应减少，那时再断奶乳房就不会有很胀的感觉，疼痛的可能性也会降低，宝宝也已经适应了其他食物的味道，对母乳的依赖也会慢慢消失。刚开始宝宝可能不适应辅食，妈妈要有耐心，每天都要让宝宝尝一点，慢慢地宝宝就会对辅食产生兴趣，等宝宝完全适应了辅食后，再完全断奶。

7　远离错误的断奶方法

断奶要讲究方法，不少老观念指导下的方法并不科学，会对宝宝和妈妈造成不良影响，妈妈不可采取以下方法断奶。

妈妈断奶期间不见宝宝

有些妈妈认为在断奶期间宝宝见不着自己，几天不喝奶就能完全断奶，于是将宝宝送至别处或自己外出，这种强硬的断奶方式是不可取的。因为这样强硬地割断了宝宝与妈妈之间的亲密接触，容易给宝宝的情感造成创伤，让宝宝缺乏安全感。有些宝宝对母乳依赖较强，看不到妈妈、喝不到母乳会产生焦虑情绪，容易烦躁不安，拒绝吃辅食，不愿与其他人交流，经常哭闹，睡眠不好，从而导致生病，这都是宝宝心理原因造成的。

往乳头上涂牙膏、辣椒

不少宝宝对母乳的强烈依赖，导致断奶很困难，于是有些妈妈为了能让宝宝尽快断奶，在自己的乳头上涂牙膏、辣椒，让宝宝接触乳头时因受不了刺激味道而放弃喝母乳，这也是一种错误的做法。往乳头上涂东西会对宝宝口腔黏膜造成伤害，而且可能给宝宝留下心理阴影。有些宝宝受到惊吓后，会对食物产生恐惧而拒绝吃任何东西，从而使宝宝无法摄入足够的营养满足生长发育的需求，不仅会妨碍正常断奶，还会影响辅食的添加。

往乳头上贴胶布

用胶布贴住乳头后，宝宝吸吮乳头时，无法吸出乳汁，妈妈想用此方法来告诉宝宝没有母乳了，这样做不仅容易对宝宝的心理造成伤害，还容易损害妈妈的健康。哺乳对妈妈的身体健康有一定的好处，用胶布贴住乳头后，乳汁分泌不出来会收回去，这是违背生理规律的，很容易引起乳房胀痛，乳头周围的皮肤也可能会发生过敏反应。

顺利断奶，妈妈这样做

断奶说难不难，说简单也不简单，掌握了正确的方法，一步一步往前顺利推进，宝宝自然就能顺利断奶。这其中，需要宝宝和妈妈双方的准备和相互的支持，也少不了爸爸和其他家庭成员的积极配合。

1 做好断奶的准备

很多妈妈奇怪，为什么断奶总也断不掉，每次断奶宝宝还容易生病，自己也情绪抑郁，归根结底，与没有做好断奶准备有关。断奶是妈妈与宝宝共同进行的，一方面妈妈要做好心理准备，另一方面还需做好宝宝辅食添加的准备。

妈妈的心理准备

想到断奶，很多妈妈都会不舍，断奶后宝宝还会这样亲近自己吗？配方乳对宝宝的身体好吗？万一宝宝不适应辅食怎么办？这些疑虑让妈妈们变得患得患失、焦虑纠结，导致反复断奶，折磨着妈妈和宝宝的身心。因此，妈妈在断奶前一定要做好心理准备，考虑到自己的身体情况和宝宝的发育，选择适合自己的，也适合宝宝的断奶时机，一旦决定就果断进行。

宝宝辅食添加的准备

辅食添加顺利，宝宝断奶才会顺利。断奶顺利进行，宝宝才会不哭、不闹、健康长大，妈妈也不会产生焦虑情绪，因此，妈妈要做好宝宝辅食添加的准备。

温馨提示：很多妈妈担心断奶后，宝宝就和自己不亲了，其实在断奶阶段，妈妈只要多陪宝宝，多抱抱宝宝，让他知道，妈妈即使没有给自己喂奶，也是爱自己的，也会陪着自己。自然而然，宝宝的分离焦虑感减轻了，断奶也就容易了。

2 选好断奶的时间

世界卫生组织建议，应坚持纯母乳喂养6个月，母乳喂养至少到1岁，最好2岁。当然，这只是个相对时间。母乳喂养时间的长短，还取决于妈妈和宝宝的实际情况，如妈妈的饮食、心情、睡眠、健康状况，宝宝的营养和健康状况等。

如果妈妈和宝宝都很健康，妈妈的奶水也很充足，可适当延长哺乳时间；如果宝宝对辅食适应较好，配合宝宝的口腔发育情况，宝宝1岁左右就可以完全断奶；如果宝宝是早产儿，容易出现营养不良或免疫力较差的情况，可在条件允许的情况下尽量延长母乳喂养的时间，1岁半到2岁再完全断奶即可。

如果是上班族妈妈，工作压力较大、奶水本身也较少，可以考虑早一些断奶，但要保证配方乳和辅食的顺利添加，让宝宝断奶不断营养。全职妈妈母乳喂养的时间可以适当延长一些，母乳喂养对宝宝的健康发育会更有利。同时，也别忘了添加辅食，辅食添加和母乳喂养会平行进行很长一段时间，等辅食添加顺利，妈妈的奶水减少的时候，自然而然就可以断奶了。

3 逐步减少喂奶次数

如果宝宝开始添加辅食，并能慢慢适应了，妈妈就可以开始逐渐减少授乳的次数。一般来说，在宝宝小于9个月大时，仍然需要以母乳喂养为主，妈妈可根据宝宝的发育状况，每天哺喂3～4次；当宝宝超过9个月大时，通常已经长出好几颗乳牙，这时宝宝能更好地适应辅食，辅食所占的比例就可以超过母乳了，妈妈每天可喂奶1～2次。宝宝1岁以后，已经能够慢慢学会自己吃饭了，母乳可以渐渐断离，但依然需要适时给宝宝添加配方乳或牛奶。

4 从白天开始减少喂奶次数

白天有很多其他的事情可以分散宝宝的注意力，他们不会特别在意妈妈，所以减少喂奶次数相对容易。断奶时，可以根据宝宝的生长发育情况和辅食添加的情况，逐渐减少喂奶次数。

断睡前奶和夜奶，是断奶比较困难的部分。宝宝通常会比较依赖夜间的母乳，有的宝宝断夜奶时会哭闹1～2次，

有的甚至会哭闹3～5次，但如果睡前授乳量足够，宝宝吃饱了夜里醒来的次数就会减少，这一问题就可以慢慢解决。

所以，妈妈应尽量让宝宝在睡前喝足奶水，并在白天尽量带宝宝多活动，这些对帮助宝宝睡眠及断夜奶都有好处。另外，爸爸妈妈需注意，断夜奶重点断的是习惯，而不是食物。断夜奶期间，宝宝会夜里醒来哭闹，这主要是因为母乳对宝宝有很大的安抚作用。因此，断夜奶时，应尽量用其他方式来哄宝宝入睡，如给宝宝听舒缓的音乐，改由爸爸或奶奶来哄宝宝睡觉，妈妈避开一会儿等。刚开始时，宝宝肯定会哭闹一番，但持续几天后，宝宝适应了没有夜奶的睡眠，自然也就能一觉到天亮了。这样循序渐进式的断奶，有利于宝宝慢慢接受。

5 安排好宝宝断奶期的饮食

断奶期饮食安排不当是引起婴幼儿营养不良、体弱多病的重要原因，也是导致反复断奶的主要因素之一，妈妈要特别注意。

营养均衡

给宝宝的辅食种类应根据其生长发育情况逐渐增加，制作时应注意食物的合理搭配，组合富含蛋白质（鱼类、肉类、蛋类）、碳水化合物（粥饭、薯类）、维生素（蔬菜、水果）等多种营养素的食物，而不是集中在某几种食物。

饮食结构合理

不同的月龄，不同的发育情况，宝宝的饮食结构应有所不同，家长应根据自家孩子的实际情况进行调整。断奶初期宝宝的饮食要以母乳或配方乳喂养为主，适量添加辅食，每天应该保证宝宝有500毫升以上的授乳量，到宝宝发育到一定程度后再以辅食喂养为主。辅食的添加要以碎、软、烂为原则，首选质地软、易消化的食物。可从不易引起过敏的米汤、米糊等开始添加，等宝宝逐渐适应后再增加蔬菜泥、水果泥、蛋黄泥、肉泥、鱼泥等食物。

先吃辅食再喂奶

在断奶期间，为了让宝宝能够逐渐适应辅食的味道，应先喂辅食后再吃奶。这样可以在宝宝饥饿的时候喂辅食，防止宝宝吃奶后有饱腹感而对辅食兴趣不大。在宝宝吃完辅食后，妈妈再喂母乳或配方乳，让宝宝一次吃饱。这样可以提高宝宝对辅食的兴趣，降低断奶的难度。宝宝吃过辅食后再吃奶还可使宝宝吸吮量减少，从而使母乳的分泌量也逐渐减少，减轻妈妈胀奶的痛苦。

 让宝宝爱上吃辅食

只有宝宝爱上吃辅食，并自己慢慢学着吃饭，才能从辅食中获得更多的营养，并逐渐断离母乳。很多宝宝刚开始时会拒绝吃辅食，妈妈要有耐心，根据宝宝的发育特点尽可能选择丰富多样的食材，并制作美味可口、营养满点的辅食，以增加宝宝对辅食的兴趣。这也是宝宝能否顺利断奶的重要因素之一。

6 为宝宝找到喝奶之外的乐趣

随着宝宝慢慢长大，他的情绪变化会越来越明显，记忆力提升，对颜色鲜艳、会动的物体也表现出好奇，妈妈可以利用宝宝的这些特点来分散断奶期宝宝的注意力，让宝宝的注意力不只集中在想要喝奶上。爸爸妈妈可以鼓励宝宝多活动，或者与宝宝一起做亲子游戏，多跟宝宝说说话，既能缓解宝宝焦虑的情绪，也能增进亲子感情。适量活动还能消耗宝宝体内的能量，增加宝宝的食欲。

7 多花一些时间来陪伴宝宝

处于断奶期的宝宝心灵脆弱，需要家人更多的关爱和呵护，妈妈不应对宝宝避而不见，反而要对宝宝格外关心和照料，花更多的时间和精力陪伴宝宝，不要让宝宝误认为妈妈在疏远他。在准备断奶前，妈妈也可有意识地减少与宝宝相处的时间，增加爸爸照料宝宝的时间，爸爸有意识地多与宝宝接触，给宝宝一个心理上的适应过程，为宝宝营造一个只断奶不断爱的家庭氛围，减少宝宝对妈妈的依赖。断奶期，宝宝哭闹时，爸爸也要不断哄宝宝，增加宝宝的信任，多带宝宝去公园散步，接触大自然，开阔眼界，经常与宝宝交流，使宝宝感到爸爸妈妈都爱他，都愿意跟他玩，这样才能增加宝宝的安全感。

8　断奶过程要果断，不拖延

在断奶的过程中，需要妈妈下定决心，态度要坚决，不可以因宝宝看见妈妈就想喝奶或哭闹而下不了决心，导致断奶几天后又放弃，然后又重新开始。这样只会给宝宝的情绪造成不良刺激，从而使宝宝的情绪不稳、夜惊、拒食，甚至为日后患心理疾病埋下隐患。断奶前后，妈妈也容易在心理上产生内疚感，因而纵容宝宝，不管宝宝的要求是否合理，都会满足，导致宝宝的脾气越来越大，增加断奶的难度，所以，断奶时妈妈一定要果断。

9　纯母乳喂养宝宝断奶法

纯母乳喂养的宝宝在断奶期间，可用配方乳代替一部分母乳，并逐渐增加配方乳和辅食的量，以减少宝宝对母乳的依赖。有些宝宝刚开始时可能会拒绝接受配方乳，妈妈可以先试着在配方乳或辅食中加入少量母乳，让宝宝适应其他食物的味道。妈妈喂奶时也要有意识地缩短宝宝吸吮的时间和延长喂奶的间隔时间。可以先从每日减少一次哺乳而以辅食来代替开始，逐渐减少哺乳的次数。宝宝半岁以后可以开始训练他用奶瓶或水杯喝奶或水，减少宝宝对乳头的依恋。

10　混合喂养宝宝断奶法

混合喂养的宝宝比纯母乳喂养的宝宝断奶要容易得多，在断奶期适应得也比较快，能较快地接受其他食物，只要慢慢减少喂奶的次数，大多数的宝宝都能顺利断奶。妈妈可以每天先给宝宝减掉一顿母乳，相应加大辅食或配方乳的量，如果宝宝的消化和吸收情况很好，就可再减去一顿母乳，增加其他食物的量。为了宝宝在减少母乳后能够得到足够的营养，断奶前妈妈就应该准备好能够代替母乳的食物，让宝宝逐渐适应断奶的过程。

断奶常见问题答疑

断奶期间妈妈和宝宝都会出现一些心理或身体上的问题，在断奶前就该正确认识断奶过程中可能遇到的问题，在出现问题时才不会因紧张而增加断奶的难度和影响身体健康。

Q1 断奶就是断掉奶和奶制品吗？

A： 不少妈妈认为断奶就是断掉一切奶和奶制品，这是不对的。断奶其实只是断去母乳，并不是断去一切奶制品。相反，宝宝就算断奶后依然需要喝适量的配方乳或是鲜奶。因为，对于3岁以前的宝宝来说，奶及奶制品依然是很好的蛋白质和钙质来源。

Q2 断奶好几次总断不掉是怎么回事？

A： 如果因为不忍看到宝宝哭闹，或害怕宝宝断奶后营养不足，就反复多次中断断奶工作，其实是有害无益的。妈妈们需知道，一旦错过了最佳断奶时机，宝宝会更加依恋母乳和妈妈，还会拒绝吃粥、饭等辅食，造成营养摄入不足。反复断奶，还会造成宝宝情绪不稳、夜惊等情况，不利于宝宝形成良好的性格。所以，断奶时妈妈的态度一定要坚决。宝宝的适应能力是很强的，闹一段时间后就会很快适应。

Q3 宝宝断奶期体重减轻了怎么办？

A： 在刚开始断奶时，宝宝的体重可能会有暂时性的下降，这是因为宝宝对辅食有一个适应过程，妈妈不用太担心，一段时间后宝宝的体重会慢慢长回来。同时，要注意给宝宝添加的辅食种类要丰富，且容易消化吸收。如果宝宝的体重长期不增加，家长需考虑喂养方式是否合理，宝宝是否缺乏某种营养素，最好去医院检查他的健康状况，并在医生的指导下调整喂养方案。

Q4 宝宝断奶时总爱哭闹怎么办？

A: 不能吃妈妈的奶了，宝宝一时可能会很不习惯，容易焦虑、哭泣，甚至不吃配方乳或辅食。这时，妈妈一定要注意，如果宝宝月龄尚小，可适当延迟断奶时间；如果宝宝超过1岁，仍有这种情况，妈妈一定要尽量忍，别因为心疼宝宝而继续给宝宝喂母乳，这样只会加深断奶的难度。但忍不意味着避开宝宝，反而需要在生活中更多地陪伴宝宝，安抚宝宝，同时给予宝宝合适的辅食。

Q5 宝宝断奶期间很任性怎么办？

A: 或许是因为内疚的关系，很多妈妈在宝宝断奶前后总是很纵容宝宝，不管宝宝的要求是否合理，都会无条件满足，导致宝宝的脾气越来越大，非常任性，这对培养宝宝良好的习惯非常不利。1岁左右的宝宝尚不能分辨对错，也不能考虑事情的合理性，但他们又很聪明，能从自己的经验中摸索出妈妈对他的忍耐限度，以及他闹到何种程度你就会答应他的请求。这就要求妈妈在面对宝宝的无理要求和哭闹时，一定不要轻易迁就，不能因为断奶就养成他的各种坏习惯。宝宝大闹时，爸爸可以出来协调，这样宝宝也比较容易听从。

Q6 妈妈奶水很足可以推迟断奶时间吗？

A: 当宝宝发育到一定阶段，母乳中的营养已经无法满足宝宝的需求，液态的母乳也无法锻炼宝宝的咀嚼能力，所以辅食添加很有必要。如果妈妈的奶水充足，可以稍稍延迟断奶时间，但最晚也不要晚于2岁，否则不利于宝宝的身心健康。

Q7 1岁宝宝体质不好可以断奶吗？

A: 1岁左右的宝宝最好在身体状况良好的情况下断奶，因为母乳喂养可为宝宝构建天然免疫屏障。断奶期间喂养不当容易引发疾病，体质不好的宝宝此时断奶会增加患病的危险。但断奶时间最晚也不要晚于宝宝2岁。而且，只要辅食添加正确了，宝宝的营养自然会慢慢跟上来。

Q8 怎么给宝宝选择合适的配方乳？

A： 断奶妈妈经常碰到的一个问题就是，如何给宝宝选择合适的配方乳。市面上配方奶粉有多种：婴儿配方奶粉、早产儿配方奶粉、低过敏配方奶粉、无乳糖配方奶粉、免疫配方奶粉、强化铁配方奶粉、高钙配方奶粉等。妈妈在选购的时候要学会分辨这些配方乳，根据宝宝的自身状况和月龄来选择，最好能定期给宝宝做体检，并根据医生的指导和宝宝的喜好程度来选择。有些家长觉得进口奶粉比国产奶粉好，其实产地只是选择配方乳的一个方面，妈妈在给宝宝选择时，更多的是要注意国家标准以及企业生产许可等，要保证宝宝吃到的是安全奶粉。

Q9 如何让宝宝接受配方乳？

A： 配方乳的口感与母乳相近，宝宝一般都比较容易接受。有些宝宝拒喝配方乳多是因为"陌生感"导致的，陌生的气味、陌生的口感以及陌生的"乳头"。这就需要妈妈多一些耐心和关爱了。在刚开始给宝宝喂配方乳时，妈妈一定要注意，最好保持平时哺喂的姿势和平和的情绪，让宝宝感到安全；然后选择与妈妈乳头感较接近的奶嘴，少量多次地哺喂，让宝宝逐渐适应配方乳。如果宝宝不喜欢喝配方乳，可以将冲调好的配方乳和母乳混合在一起给宝宝吃，刚开始可以给母乳多些、配方乳少些，让宝宝有一个适应过程，等宝宝慢慢习惯配方乳的味道后就可以了。

Q10 上班族妈妈怎么给宝宝断奶？

A： 建议妈妈在要上班的前一个月就开始过渡断奶，试着让宝宝接受配方乳和奶瓶喂养，若已经开始添加辅食，需确保辅食添加情况良好，不会影响断奶后的营养摄入。上班族妈妈不舍得立刻断奶，仍要坚持母乳喂养，就要做到上班哺乳两不误。在工作间隙，根据自身泌乳情况，及时将母乳抽吸出来进行储存，轻松背奶。

Q11 妈妈断奶后胀奶怎么办？

A: 断奶后，很多妈妈都可能会出现胀奶的情况。如果宝宝已经超过1岁，妈妈可以适当食用一些退奶食物，如韭菜、山楂、麦芽等，并注意少饮鸡汤、鱼汤等发奶食物。胀奶时，可用吸奶器将乳汁吸出，使乳房排空乳汁。若胀奶后乳房出现结块，可以用热毛巾敷于结块处，一般一次热敷20～30分钟即可。热敷后，可洗净双手对乳房进行按摩，以缓解不适。

具体按摩方法为：双手托住单边乳房，从乳房底部交替按摩至乳头；将拇指和食指在乳晕周边不断变换位置，将所有乳汁彻底排空。注意，手法一定要轻。

Q12 妈妈断奶后如何保养乳房？

A: 宝宝断奶后，妈妈若不注意乳房保养很容易导致乳房下垂，好身材自然无从谈起。其实，只要坚持科学、合理的饮食，少吃油腻、高脂肪的食物，并适当多吃一些具有丰胸效果的食物，胸部自然能够得到滋养。平时还可以多做一些扩胸运动，适当进行乳房按摩。一般断奶后2～3个月即可恢复身材。当然，如果妈妈在断奶前就注意乳房的保养，定期按摩，身材会恢复更快。

Q13 断奶后月经不正常怎么办？

A: 断奶后多数妈妈的月经可以恢复正常，也有少数妈妈不来月经，尤其是哺乳时间过长者。断奶后妈妈要尽量使生活变得有规律，因为熬夜、过度劳累、生活不规律都会导致月经不调。妈妈还要尽量少吃辛辣刺激的食物，多吃有补血功效的食物。心态也会影响月经的到来，妈妈平时要调整好心态，不要给自己太多压力。

虽然开始时我还只能吃点米糊糊，但慢慢就能吃些碎蔬菜和肉泥了。等我能吃更多的食物，就要和妈妈的奶说"再见"了！

2
Chapter

辅食添加指南：

宝宝的辅食配餐，
妈妈准备好了吗?

断奶是一个循序渐进的过程，可能需要半年到一年的时间。这期间，妈妈需要根据宝宝的生长发育情况，适时给宝宝添加辅食。由于宝宝还小，妈妈给宝宝的辅食应该严格遵循一定的原则进行，并掌握一定的辅食添加要领，这样才能让宝宝营养充足，健康成长。

巧添辅食，宝宝断奶也健康

断奶不是立马就不喝奶了，而是让宝宝逐渐地离乳，这期间需要辅食添加工作的同步进行。根据宝宝的身体状况，适时添加辅食，就能达到逐渐减少喂奶量，最终顺利断奶的目的，而且，宝宝的营养也不会落下。

1 宝宝的健康，还需辅食来帮忙

刚出生的宝宝，只喝母乳就能满足全部的营养需求。但是，随着宝宝的不断成长，若几个月后依然只喂母乳或配方乳，营养便会不足。这时，便需要辅食来帮忙了。

↳ 补充宝宝成长所需的营养

↳ 锻炼宝宝的咀嚼能力

↳ 健全宝宝的内脏和消化功能

↳ 培养宝宝的好奇心

↳ 让宝宝品尝并记住食物的味道

↳ 让宝宝慢慢学会自己吃饭

2 宝宝成长中的 4 个断奶时期

结合宝宝消化能力、吞咽和咀嚼能力等的发育，我们将宝宝断奶的过程大致分为4个阶段。通过对不同阶段巧添辅食，从而在保证宝宝营养的基础上，顺利完成断奶的全过程。

不过，具体到每一位宝宝，断奶与辅食添加的进程并不完全相同，爸爸妈妈们在具体实施时切不可操之过急，不要过分迷信数据和月龄，也不要拿自己的孩子和周围的小孩进行比较。只要根据宝宝的具体情况并结合书中讲解有条不紊地去进行即可。须知道，宝宝发育到一定的阶段，便会自然出现相应的辅食添加信号。

第一阶段：5~6个月（断奶初期）

宝宝可以开始试着吞咽流质或泥糊状食物。

此阶段，主要是让宝宝熟悉和适应母乳和配方乳之外的食物的味道和口感。开始时，一日可喂食1次辅食，食物的种类要单一，然后逐渐增加到一日喂2次。食物可以是米汤、稀粥、蔬菜汁、蔬菜泥、果泥等。

第二阶段：7~8个月（断奶中期）

宝宝可以用舌头将食物挤至上颚并搅碎、吞下。

此阶段宝宝一天能吃2顿辅食，也开始有了出牙的迹象，对于不能直接吞咽的块状食物，只要柔软、小块，宝宝就能用舌头将其搅碎。现在宝宝的食物品种可以丰富一些了，蛋黄、鸡胸肉、鱼肉、乳制品等都可以细加工后放入辅食中。

第三阶段：9~11月（断奶后期）

宝宝可以用牙齿咀嚼舌头无法搅碎的食物。

此阶段宝宝需要从辅食中吸取60%~70%的营养，辅食可以一日添加3顿，而且要注重营养搭配。大部分宝宝已经长出乳牙，所以给宝宝的辅食可以硬一些、大一些，以锻炼宝宝的咀嚼能力。如果宝宝想要用手抓食物，妈妈千万不要制止。

第四阶段：12~18个月（断奶完成期）

宝宝可以嚼碎更多的食物，并能自己运用餐具吃饭了。

此阶段，宝宝的绝大部分营养都来自辅食，就算不喝奶也没有关系了。这时，妈妈可以给宝宝准备各种不同口感的食物，让宝宝的咀嚼能力更强，逐渐学会自己吃饭。不过给宝宝的食物依然要清淡一些、柔软一些。

宝宝辅食添加的顺序和原则

为了让宝宝更加健康地成长和发育，宝宝辅食添加应严格遵循一定的原则，从辅食添加的顺序到辅食的食材、分量、搭配等都需要注意。如果顺序打乱或偏离原则，很容易造成宝宝消化不良或食物过敏，辅食添加的效果也会大打折扣。

1 先吃米粉，再吃蔬菜和肉类

宝宝辅食添加应按照"谷物（淀粉）—蔬菜—水果—动物性食物"的顺序添加。首先添加谷物，如婴儿米粉；其次添加蔬果汁或蔬果泥；最后再开始添加动物性食物，如蛋黄泥、鱼泥、肉泥等。

2 先吃汁水，再吃泥糊和固体食物

为了适应宝宝的口腔发育和咀嚼能力，辅食应按照"液体—泥/糊—固体"的顺序进行添加。首先添加容易消化、水分较多的流食，如米汤、蔬菜水、果汁等；待宝宝适应后，可以添加浓米糊、菜泥、果泥、肉泥等；然后再慢慢过渡到固体食物，如软饭、烂面条等。

3 母乳或配方乳不可断离

给宝宝断奶是一个缓慢的过程，这其中，母乳或配方乳不可断离，而是需要慢慢减少，并注意和辅食的合理搭配。辅食和奶水谁主谁次，通常根据宝宝的月龄和发育状况来定。在宝宝5个月以内时，建议纯母乳喂养；5~6个月大时，母乳为主，辅食只是尝试；7~8个月大时，母乳为主，辅食为辅；9~11个月大时，辅食所占的比例超过母乳；待宝宝1岁以后，就可以考虑断母乳，并适时添加配方乳，让宝宝的辅食逐渐过渡到幼儿的饮食。

4 注意营养均衡

月龄小的宝宝，以母乳喂养为主，待宝宝渐渐长大，对营养的需求更多时，可以慢慢添加动物性食品，并注意食材的多样性和荤素搭配。比如，在做肉泥时加入蔬菜末，做菜汤时添加少许鸡骨高汤等。这样既能均衡营养，又能防止宝宝偏食。

5　由单一到多样，由少到多，由稀到稠

辅食添加要配合宝宝的消化、吞咽、咀嚼能力的发育进行。最开始添加时，先尝试一种，等宝宝习惯后再添加另外一种，且其中应有3~5天的间隔时间。辅食添加应注意食材的粗细程度，要由稀到稠、由泥到碎、由软到硬、由细到粗。辅食添加的量也要由少到多，尽量做到少量多餐。

6　辅食应以清淡为主

给宝宝的辅食应该清淡，少盐、少糖，多让宝宝品尝食物天然的味道。尤其是半岁以内的宝宝，应做到无调料，以免给宝宝的肾脏和消化系统造成负担。7个月到1岁的宝宝也应严格限制盐的添加，大概是大人尝起来没有味道的感觉。1岁以后给宝宝的饮食中，盐、醋、料酒等可适量增加，但依然要少，让宝宝感觉吃起来有味道就可以了。

7　固定宝宝的用餐时间和地点

断奶期的辅食会影响宝宝日后的饮食习惯。如果想让宝宝养成良好的进餐习惯，那么，在添加辅食的最初，固定宝宝吃饭的时间和地点是很有必要的。另外，还可以在用餐区摆放宝宝熟悉的物品，如小汽车，或播放一首轻松的音乐，给宝宝营造一种安全、舒适的环境。慢慢地，宝宝到了吃饭的时间就会自己做好吃饭的准备。

8　愉快用餐，不强迫进食

宝宝喜欢和爸爸妈妈一起吃饭，如果爸爸妈妈在吃饭的时候表现出食物很美味的样子，宝宝也会对食物感兴趣。所以，轻松、愉快的进餐氛围非常重要。此外，宝宝喜欢的餐椅和餐具，不同颜色的辅食，可爱逗趣的造型，都会提高宝宝进餐的兴趣。而且吃饭时，如果能开心地对宝宝笑，多多称赞宝宝，宝宝受到了鼓励，会吃得更愉快。记住，宝宝进餐应该是件快乐的事，任何时候不要强迫宝宝进食。强迫吃或追着喂等方式，会让宝宝觉得被逼迫，自然对此产生不了兴趣。

宝宝辅食添加的注意事项

宝宝在能够坐起来之后就可以考虑添加辅食了，但不是所有的食物都是适合宝宝的。所以，妈妈在给宝宝添加辅食前和添加辅食后，都要密切观察宝宝的反应，并根据宝宝的情况适时调整。

1 观察大便了解宝宝吃辅食的情况

给宝宝添加辅食之后，要密切观察宝宝的大便，判断宝宝是否适应辅食。若是出现短暂性的便秘，妈妈不用紧张，这是宝宝摄入的母乳减少，体内水分缺乏而导致的便秘。如果其他情况正常，便秘会在宝宝适应辅食后好转；若是大便发散、不成形，要考虑是不是辅食的量多了，或是辅食不够软烂，影响了宝宝的消化吸收；若是便很臭，则可能是对蛋白质消化不好，应减少蛋白质食物的摄取；若是大便中出现黏液、脓血，大便次数增多，大便稀薄如水，则可能是吃了不卫生或变质的食物，或患了肠炎、痢疾等，需就医；有时宝宝的大便颜色可能会出现绿色、红色或橘黄色等，这与宝宝摄入的食物有关，不用太过紧张。

2 蛋黄不是宝宝辅食的首选

蛋黄虽营养丰富，但是不建议作为宝宝辅食的首选。过早添加容易引起宝宝食物过敏，特别是月龄小的宝宝，消化功能还没有发育完好，容易造成肠胃和肾脏的负担。一般来说，给宝宝添加辅食时，应先让宝宝适应婴儿米粉、米糊、蔬果汁、蔬果泥，然后再添加蛋黄。开始时可在辅食中少量添加，待宝宝大一些的时候，可以逐次少量添加蛋黄泥，给宝宝的肠胃一个适应的过程。对蛋黄过敏的宝宝，可以延迟到1岁以后再尝试添加。

3 让宝宝远离加工食品

加工食品虽然味道吸引人，但其中所含的食品添加剂，可能会造成宝宝的肾脏负担，引起过敏反应或影响宝宝的脑部发育，尤其是重口味的加工食品，危害更大。所以，不管是小宝宝或大一点的小朋友，都应该少吃为佳。妈妈在给宝宝准备辅食时，可以亲手制作小饼干、小面包、芝麻球等点心，让宝宝吃得安全又放心。

4 留意容易过敏的食物

由于宝宝还小，胃肠道比较脆弱，所以很容易发生过敏的现象，特别是刚开始添加辅食的时候，更是宝宝食物过敏的高发期。了解一些容易引发宝宝过敏的食物以及安全喂养方法，可以省去很多不必要的麻烦。

一般来说，容易引起宝宝过敏的食物有鸡蛋、小麦、牛奶、大豆、鱼子、虾蟹、贝类、花生、芒果、草莓等。

每个宝宝的过敏原不同，要远离过敏伤害，需要爸爸妈妈的细心观察和耐心记录。多观察宝宝，随时记录下宝宝吃辅食后的反应，如有腹泻、呕吐或出疹等现象，应立刻停止喂此类辅食，隔一段时间后再试。而且，开始给宝宝添加辅食时，应先尝试一种食物，如果连续 3 ~ 5 天都没有过敏反应，则可以在往后制作辅食的时候，加入此样食材。

有些妈妈因为害怕宝宝食物过敏而一直控制某种食材的喂食量，殊不知，这些食物中含有宝宝成长过程中不可缺少的营养素，这种做法是不可取的。妈妈应先判断食物是否有导致过敏的风险，再向专业医生咨询，切勿自行判断。即使宝宝在辅食添加的初期对某种食物过敏，也不用过于担心，婴幼儿期的很多过敏都会随着年龄的增长而逐渐得到改善。如鸡蛋、牛奶、小麦、大豆等食物，在3岁之前，有50%的宝宝可以吃，6岁之前，80% ~ 90%的宝宝都可以吃了。不过，对虾蟹以及一些水果的过敏可能会伴随一生。

针对宝宝食物过敏的小妙招

食物熟透后导致过敏的可能性会降低，所以给宝宝喂食鸡蛋、水果等食物时要注意充分加热食物。某些宝宝可能会对牛肉、鸡肉等蛋白质食物过敏，妈妈应遵循不同时期由少到多、由单一到丰富的辅食添加原则，根据宝宝是否产生过敏反应来增减蛋白质类食物。

制作宝宝辅食的基本技巧

要为宝宝制作花样百变又营养美味的辅食，是有一定的技巧的。首先，妈妈们得学会基本的辅食烹调技巧，根据宝宝的发育特点做适合的米粥和汤汁。当然，这其中，各种专用的辅食制作工具必不可少。

1 方便好用的辅食制作工具

大人的食材比较复杂，调味也较多，建议制作宝宝辅食的时候使用专门的料理工具，用来捣碎、过滤、磨碎给宝宝的食物，方便宝宝吞咽。另外，保存辅食的器具也非常重要。

○ 研磨钵

将食材切成小块，放进研磨钵中捣（或磨）成泥。

○ 榨汁器

将新鲜水果洗净，切开去籽后，用榨汁器榨出果汁。

○ 滤网

可将食物中太粗的颗粒或渣滓过滤掉。

○ 电子秤

可以帮助精准掌握食材的分量，由于不耐摔，需小心保管。

○ 计量匙

需要测量少量材料时，可以用计量匙来测量食材。

○ 磨泥板

用来处理根茎类食材，将食材洗净后，用磨泥板磨碎。

○ 压泥器

可以用来将蒸熟的土豆、南瓜等食材压成泥。

○ 削皮器

要去皮的食材，可以用削皮器削去外皮。

○ **料理机**

用来制作蔬果汁、菜泥、果泥，还可以将芝麻、花生等磨成粉。

○ **砧板**

处理宝宝的食材一定要使用专用的砧板，并注意清洁卫生。

○ **食物剪**

可根据宝宝的口腔功能，将食物剪成适合的大小。

○ **饼干模型**

可以用来塑形，提升食物的美观度，增加宝宝吃饭的乐趣。

2　宝宝辅食餐具推荐

　　小宝宝长到一定的阶段，就会想"自己试试看"，给宝宝适合的辅食餐具，可以启发宝宝学会"拿"与"握"，训练宝宝手眼的协调能力。

　　→ 喂食碟设计有特殊凹槽，底部不容易滑动，让宝宝能轻松自信地盛起食物。

　　→ 配合宝宝大小的叉、勺，让宝宝能轻松将食物送入口中。

　　→ 重量轻，且不容易碎，不会给宝宝手部造成负担，方便进食。

　　→ 简约设计搭配丰富色彩，让用餐变得愉快又有趣。

○ 第一阶段

○ 第二阶段

3 掌握基本的烹调技巧

宝宝的消化系统尚未发育完全，辅食都要煮熟、煮烂、磨碎，这样才不会给宝宝的身体增加负担，尤其是对于小月龄的宝宝来说，更要注意。妈妈可以学习以下基本的烹调技法。

○ 榨汁

宝宝刚开始接触辅食时，主要是为了让宝宝熟悉母乳或配方乳之外的味道，可以给宝宝喂点稀释过的果汁。将新鲜水果榨汁后再挤入开水稀释成 2 倍的果汁，宝宝就可以食用了。

→ 可以用榨汁器直接榨取果汁，也可以用榨汁机将水果打碎后滤取果汁。

○ 研磨

宝宝 7 ~ 8 个月大时，开始用舌头和上颚嚼碎食物。为了锻炼宝宝用舌嚼碎食物的能力，可以将食物煮熟后用研磨器捣（或磨）成泥。

→ 研磨的工具除了研磨钵外，还可以用磨泥板、压泥器、汤匙、叉子等。

○ 过滤

宝宝前期的辅食最好用滤网过滤掉颗粒较大的固体食物，比如南瓜、胡萝卜、芋头、蛋黄等食材，口感会变得顺滑很多，不会给宝宝的消化系统增加负担。

→ 过滤时容易有残渣卡在滤网上，建议使用完后立即清洁。

○ **蒸**

　　蒸，是给宝宝制作辅食时较为常用的一种烹饪方式。蒸不仅能较大程度保留食物的营养和原汁原味，而且还能让食物变得柔软、好入口。

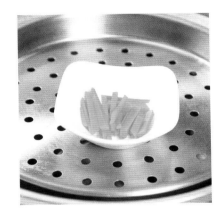

→ 可以在平时煮饭时，将食材准备好，一同放入锅内蒸。

○ **煮**

　　宝宝常吃的蔬菜和部分肉类，可以用煮锅来焯烫，使食材变得柔软，容易处理成适宜宝宝进食的食物。特别是在给宝宝制作汤品时，都会用到炖煮的方式。

→ 炖煮还能够去除部分蔬菜中的涩味和一些肉类中多余的脂肪。

○ **煎**

　　对于大一些的宝宝来说，他们的味觉越来越敏锐，不再爱吃软烂的粥，反而喜欢带点口感的辅食，这时不如给宝宝煎一个蛋饼、红薯饼、土豆饼，能让宝宝胃口大开。

→ 平底锅或炒锅中只需放少许油就可以了。

米粥的制作是辅食制作非常基础的内容之一。宝宝生长发育的不同时期，食用的米粥颗粒浓稠度和大小都不一样，巧手妈妈需要掌握这一基本技巧。

给宝宝制作米粥的添水技巧

宝宝大小	米粥特点	生米和水的比例（用生米煮）	熟米饭和水的比例（用熟米饭煮）
5 个月	10 倍粥	1:10	1:9
6 个月	7 倍粥	1:7	1:6
7 ~ 8 个月	5 倍粥	1:5	1:4
9 个月	4 倍粥	1:4	1:3
10 ~ 12 个月	软饭	1:3	1:2 ~ 3
13 ~ 18 个月	米饭	1:1.2	

制作米粥的方法很简单，可以用生米煮，也可以直接用熟米饭做粥。电饭煲、微波炉、奶锅、焖烧罐等都是很好的煮粥工具，妈妈可以根据自家的条件来选择。

不同类型米粥的制作方法

—— 米汤 ——

方法：将米饭和水放入搅拌机内，搅成米糊；将米糊倒入锅中，以中小火加热，边煮边搅拌；待沸腾后用滤网过滤即可。

—— 稀粥 ——

方法：将水倒入锅中，沸腾后加入米饭，边煮边搅拌；再以小火慢熬20分钟，捞去浮沫即可。

—— 稠粥 ——

方法：将水倒入锅中，沸腾后加入米饭，边煮边搅拌；再以小火慢熬15分钟，捞去浮沫即可。

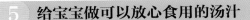

5 给宝宝做可以放心食用的汤汁

宝宝的辅食最好不添加任何调味料，但可以熬煮高汤加入副食品，增加天然的味道。高汤既可以用来做汤头，也可以用来冲调研磨后的干燥食物，而且易消化吸收，所以妈妈们一定要掌握基本做法。

 蔬菜高汤

原料：洋葱 1/8 个，包菜叶 2 片，胡萝卜 1 根

做法：① 将洋葱切丝，包菜叶切小片，胡萝卜切长条状。② 锅中注水煮沸，放入全部食材，待再一次沸腾后，盖上锅盖，以小火熬煮。③ 等到汤汁剩 1/2 后，用过滤网滤出汤汁。④ 待汤汁放凉后，放入冰箱冷藏室冷冻保存即可。

海带高汤

原料：干海带 10 克

做法：① 锅中注水煮沸，放入泡发好的干海带，待再一次煮沸后，盖上锅盖，以小火熬煮至汤汁剩下一半。② 用滤网过滤出汤汁。③ 等汤汁放凉后，放入冰箱冷冻保存即可。

 基础骨汤

原料：猪棒骨 300 克（切块），老姜 2 片

做法：① 锅中注入适量清水，放入猪棒骨块，大火烧开后再持续烧煮 5 分钟，撇去浮沫。② 捞出猪棒骨块，冲洗干净；汤锅中的水倒掉，并洗净汤锅。③ 将猪棒骨重新放入汤锅中，注入适量清水，加入姜片，大火煮开后转小火保持汤面沸腾，熬煮 2 小时。④ 用过滤网滤出汤汁，放凉后放入冰箱冷冻保存即可。

宝宝辅食添加常见问题

小宝宝的饮食永远是妈妈最为关心的问题。什么时候可以开始断奶，何时可以添加辅食，准备辅食时有什么特别需要注意的地方，宝宝不爱吃辅食怎么办……这里，我们将针对宝宝辅食添加时常遇到的问题进行解答，希望能对妈妈们有所帮助。

Q1 宝宝 4 个月大小可以吃辅食吗？

A: 请尽量在宝宝5~6个月大时再开始给他添加辅食。这时，宝宝已经能够坐稳，喜欢抓住东西往嘴里放，总是咂吧着小嘴做出咀嚼的动作。如果爸爸妈妈看到小宝宝的这些"我要吃辅食"的信号，就可以给小宝宝准备辅食了。如果过早添加辅食，宝宝产生食物过敏的风险会增大，对宝宝尚未发育完全的消化系统也会造成较大的压力。

Q2 喂辅食时宝宝总哭着要喝奶怎么办？

A: 刚开始添加辅食时，很多宝宝不适应，一喂辅食就哭，出现这种情况可能与妈妈的喂食时间不对有关。当小宝宝感到饿的时候，往往会选择之前比较熟悉的母乳或配方乳，而不会吃尚未完全适应的辅食。这时，妈妈们不妨将喂辅食的时间提前半小时，在宝宝不那么饿的时候喂食，逐渐引导宝宝接受并适应辅食。

Q3 宝宝吃的辅食会随便便排出正常吗？

A: 通常，只要宝宝的身体和情绪状态正常，这种情况就无需担忧。毕竟，虽然宝宝吃进去的食物（特别是胡萝卜、菠菜等深色蔬菜）看上去是随着便便一起排出体外，但实际上食物中的营养元素已经被人体吸收了。而且，就算是大人，在食用了大量含有植物色素或纤维的食物后，大便也会产生相应的变化。

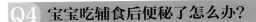

Q4 宝宝吃辅食后便秘了怎么办？

A: 宝宝开始吃辅食后，摄入母乳和牛奶的量会相应减少，如果不注意补充足够的水分就会造成大便中水分不足，导致便秘。此时妈妈可以在宝宝两餐之间适当喂食温白开水，还可以通过在辅食中添加水果汁、蔬菜汁、红薯泥等富含水分和膳食纤维的食物来缓解便秘。

Q5 宝宝喜欢含着食物不往下咽怎么办？

A: 对于小月龄的宝宝，尤其是7个月以下的宝宝来说，还不能完全掌握闭嘴吞咽的能力，所以经常会出现含着食物不下咽，甚至吐出来的情况。这时，妈妈们一定要有耐心，在宝宝不抗拒的情况下，多试几次。只有食物和唾液完全混合，宝宝才能正常下咽。同时，检查一下食物中是否有结块，对于口腔敏感的宝宝来说，一点点异样的刺激就会让他们产生抗拒。

Q6 没吃完的辅食可以留着第二天再吃吗？

A: 宝宝的辅食一般都营养丰富、味道清淡、质地细腻、水分较多，容易滋生细菌，所以，一次没吃完的辅食最好扔掉。不过，如果做的是高汤类的食材，可以在宝宝吃之前，就分出一部分装好后放进冰箱冷藏，等需要时再拿出来加热杀菌食用。此外，一定要注意标明日期，以免食物变质，影响宝宝健康。

Q7 什么时候可以使用调味料？

A: 给宝宝的辅食，清淡是首要原则。盐分会给婴儿内脏造成极大的负担，所以对于半岁以内的宝宝，完全不能使用食盐等调料进行调味。宝宝7个月以后，可以使用极少量的盐或白糖等调味料，但味道依然要保持清淡。待宝宝长到1岁左右，可以使用少量的料酒、白醋等调味品，但依然不能过量。总的来说，给宝宝的辅食最好少用或不用调味料，特别是小月龄宝宝。

Q8 宝宝吃辅食的时间不固定怎么办？

A: 对于不固定时间吃辅食的宝宝，家长一定要注意引导，让宝宝慢慢固定一日三餐的时间，这样不仅可以让宝宝的身体"知道"什么时候进食、什么时候消化，有助于提高身体对营养的吸收率，而且还能够帮助宝宝养成好的饮食习惯和生活规律，对宝宝的健康成长非常有帮助。

Q9 给宝宝吃多少辅食才合适？

A: 到底该给宝宝吃多少辅食，是很多妈妈都会面临的问题。每个孩子的发育情况都不相同，饭量大小也有异。如果宝宝吃得很少，只要他的身高和体重曲线依然处于稳步上升的状态，就表示正常。如果从某个阶段起，宝宝的体重增长缓慢或完全不增长，并且出现皮肤无光泽、嗜睡、食欲不振等现象，就需要及时寻求医生的帮助；相反，如果宝宝的食欲非常旺盛，吃完每次准备好的辅食之后还想吃，体重突然持续上升，这可能与饮食过量有关，需要检查辅食的质和量是否合适，避免导致小儿肥胖。

Q10 宝宝吃完辅食后就不喝奶了好吗？

A: 通常来说，只要辅食添加适当，宝宝在10个月左右喝奶量就会逐渐减少甚至不喝了，这是正常现象，妈妈们不用过分担心。但是为了保证营养的摄入，此时依然需要早晚各喂一次奶，总量控制在500毫升以内。如果宝宝不爱喝奶，可以将其加入辅食中，让宝宝通过吃辅食吸收到母乳或配方乳的营养。

Q11 宝宝爱吃饭，却总断不了奶怎么办？

A: 对于1岁多的宝宝来说，如果一日三餐都正常，只是晚上想喝奶的话，也不必强行阻止这一行为。虽然此时母乳的营养已经很小了，但对于宝宝来说，这可能只是一种与妈妈亲热的方式。不过，如果宝宝在2岁以后依然不能断奶，妈妈就需要多注意了，可以通过增加亲子活动、户外活动以及培养孩子的业余兴趣等方式来转移其对母乳的注意力。

Q12　宝宝不爱吃蔬菜怎么办？

A: 随着小宝宝慢慢长大，就会开始表现出对食物的喜好，味道清淡又不容易嚼烂的蔬菜非常容易被他们列入饮食"黑名单"。但是，蔬菜的营养丰富，是其他肉类、水果、米糊等辅食无法替代的，这就需要妈妈们多下工夫了。可以从改变辅食形态的方向着手，比如尝试通过榨汁、过滤等方法，将蔬菜做成较容易入口的食物；或是将蔬菜加工处理后添加到宝宝爱吃的食物中，让宝宝在不知不觉中吃下去。另外，妈妈要注意正确引导，千万不要动辄摆出一副凶巴巴的样子，这样只会让宝宝产生更为严重的逆反心理。要知道，轻松愉快的进餐环境，让人垂涎欲滴的菜品才是让宝宝真正喜欢上蔬菜的法宝。

Q13　宝宝总要大人追着才吃饭怎么办？

A: 宝宝的精力总是无穷无尽的，爱玩闹，有时候大人越追，宝宝就越兴奋，喂饭工作也就越辛苦。在这样的状态下，宝宝并不适合吃饭，此时需要大人的正确引导。妈妈可以在吃饭之前，就向孩子发出明确的进餐信号，比如"宝宝，吃饭啦"。在饭桌上，爸爸妈妈也可以通过相互配合来吸引宝宝的注意力。如果孩子一直没能安静下来吃饭，可以先把饭菜收起来。如果饭点过后1小时左右，宝宝饿了，可以给他吃些饭团、煎饼等食物。

Q14　宝宝总要大人喂才吃饭怎么办？

A: 所有的宝宝都要学着自己吃饭，才会慢慢地成长，不过也不能太着急，毕竟生活能力也是一点一滴培养的。宝宝的注意力容易被漂亮的事物吸引，妈妈可以多给宝宝准备一些品种、样式、色彩都比较丰富的食物，宝宝自然会想要自己动手去拿。如果宝宝自己动手抓饭吃，妈妈千万不要制止，而应多鼓励，让宝宝体会到成就感。相信慢慢地，宝宝就能自己学会吃饭了。

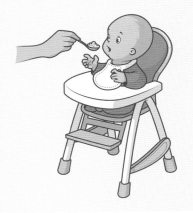

我的小脑袋可以自由转动了，妈妈给我一个小垫子，我能靠着它稳稳坐着。妈妈你吃的是什么呀？我也想尝尝呢！

3

Chapter

吞咽期：

我想尝试新味道，
不多，简单就好！

　　宝宝长到5~6个月大时，细心的妈妈可能已经发现了宝宝频频发出的"我要吃辅食"的信号。这时，不妨给宝宝尝点新的味道，最好是方便宝宝吞咽的流质和泥糊状食物，比如米汤、碎米粥、蔬菜糊、水果糊，等等。当然，辅食只是尝试，母乳喂养依然是这一阶段的喂养重点。

5～6个月：母乳之外的新尝试

宝宝5～6个月大时，仍然需要以母乳喂养为主，辅食添加只是一种味觉尝试，让宝宝试着接触各种味道。妈妈可以参考宝宝的月龄，并留意宝宝发出的辅食添加信号，根据宝宝的具体情况，给宝宝添加适合吞咽的流质或泥糊状辅食。

1 5～6个月宝宝的生理特点

发育指标		5个月	6个月
体重 （千克）	男宝宝	6.2 ～ 9.7	6.6 ～ 10.3
	女宝宝	5.9 ～ 9.0	6.2 ～ 9.5
身长 （厘米）	男宝宝	62.4 ～ 71.6	64.0 ～ 73.2
	女宝宝	60.9 ～ 70.1	62.4 ～ 71.6
头围 （厘米）	男宝宝	40.6 ～ 45.4	41.5 ～ 46.7
	女宝宝	39.7 ～ 44.5	40.4 ～ 45.6
胸围 （厘米）	男宝宝	39.2 ～ 46.8	39.7 ～ 48.1
	女宝宝	38.1 ～ 45.7	38.9 ～ 46.9

宝宝的身体特点

→ 能够自由地控制头部

→ 能够坐起，并慢慢能坐稳

→ 绝大部分宝宝尚未长牙

→ 舌头只能前后运动

宝宝吃辅食的特点

由于舌头只会前后运动，宝宝只能通过闭嘴和舌头向后推送来吞咽食物。所以，给宝宝的辅食应该是顺滑的流食或黏稠的泥糊状辅食。由于是首次尝试母乳之外的食物，对宝宝来说是个巨大的转变，妈妈需给宝宝准备较为单一的食物，并留意宝宝吃辅食后的状况，适时调整。

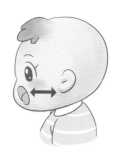

2　5～6个月宝宝每日营养需求

能量	蛋白质	脂肪	烟酸	叶酸
397 千焦 / 千克体重（非母乳喂养加 20%）	1.5～3 克 / 千克体重	占总能量的40%～50%	2 毫克烟酸当量	65 微克叶酸当量
维生素 A	**维生素 B$_1$**	**维生素 B$_2$**	**维生素 B$_6$**	**维生素 B$_{12}$**
400 微克视黄醇当量	0.2 毫克	0.4 毫克	0.1 毫克	0.4 微克
维生素 C	**维生素 D**	**维生素 E**	**钙**	**铁**
40 毫克	10 微克	3 毫克 α - 生育酚当量	300 毫克	0.3 毫克
锌	**硒**	**镁**	**磷**	**碘**
1.5 毫克	15 微克	30 毫克	150 毫克	40 微克

3　让宝宝尝试辅食，便于断奶

　　辅食添加是断奶的准备工作，只有辅食添加工作顺利，宝宝才能自然且顺利地断奶。这期间，可能会历时1年左右。所以，我们主张，原则上给宝宝添加辅食不能晚于6个月，但也不能早于4个月。过早喂辅食容易给宝宝的身体增加负担，而太晚开始又会使宝宝营养不良。而且，辅食添加过晚，还会导致宝宝拒绝吃辅食，给以后的断奶增加难度。

母乳喂养为主，
尝试第一口辅食

　　通常，在宝宝5～6个月大时，可以开始给宝宝喂食人生中的第一餐辅食，这样可以让宝宝品尝到新的味道，在心理和身体上都可以早些熟悉并适应辅食，为断奶做好准备。而且，此时添加辅食，也可以满足宝宝的口腔发育需求和营养需求。

妈妈经验谈：吞咽期宝宝这样喂

第一次喂宝宝辅食的新手爸妈可能会很担心，不知道该如何着手，其实，只要了解了吞咽期宝宝的身体发育特点，并掌握一些基本知识，然后做出适当的辅食添加计划就可以了。记住，让宝宝熟悉辅食是这个时期的主要目的。

1 喂食时间分配

宝宝5个月时，一天只需要喂1餐辅食，待宝宝慢慢适应后，6个月左右便可以视宝宝吃辅食的状况，增加为2餐。给宝宝的辅食，可以是蔬果汁、水果泥、菜泥、米糊等。

5个月宝宝饮食时间表（1天1顿辅食）					
6:00	10:00	12:00	14:00	18:00	22:00
🍼	🥣＋🍼	可不喂	🍼	🍼	🍼

这个时期的营养

辅食
10%

90%
母乳与配方乳

6个月宝宝饮食时间表（1天2顿辅食）					
6:00	10:00	12:00	14:00	18:00	22:00
🍼	🥣＋🍼	可不喂	🍼	🥣＋🍼	🍼

这个时期的营养

辅食
20%

80%
母乳与配方乳

 母乳或配方乳　　 辅食

2 可接受的食物软硬度

　　宝宝5个月时，只会整吞整咽，可以接受容易吞咽的柔软稀烂的浓汤状食物，不能有结块也不能太干。6个月时，宝宝已经适应吞咽食物之后，可以逐步减少食物中的水分，将辅食做得更黏稠一些了。

碳水化合物	维生素、矿物质	蛋白质
大米	西红柿	豆腐
红薯	菠菜	蛋黄

3 宝宝吃辅食的状况

食物从口中流出

　　如果食物从宝宝口中流出，可用勺子接住，再次送入宝宝口中，反复几次后宝宝便能顺利下咽。切勿为了方便而将食物放入奶瓶中让宝宝吸吮。

吃饭时喜欢玩餐具

　　宝宝吃辅食时喜欢玩餐具，是出于好奇心，或是觉得无聊了，可以慢慢纠正这个坏习惯，千万不要强行制止。

露出不耐烦的表情

　　宝宝吃辅食时，如果吐出食物并露出不耐烦甚至厌恶的表情，需停止喂食，并检查食物的软硬度，不要强迫进食。

4 喂养小秘籍

由于这时期的宝宝还只能通过舌头的前后运动来吞咽辅食，所以妈妈给宝宝的辅食必须要单一、少量、顺滑、方便吞咽。下面这些喂养小秘籍可能会帮助到你。

从米汤和米糊开始

对于刚刚接触辅食的宝宝而言，米是最好的食材，可以是米汤、米糊、米粥等。喂食1～2周后，若宝宝没有异常症状，可以在米粥中添加蔬菜或水果，如红薯、苹果、胡萝卜、南瓜等。若宝宝有吐出反应，可以考虑更换食材，或将食物研磨得更细致。

辅食应柔软稀烂、容易吞咽

吞咽期宝宝的辅食必须软、稀、烂，方便宝宝直接吞咽下去。所以，第一次给宝宝的辅食，尽量做成液态，如米汤、10倍稀粥、稀释后的果汁或蔬菜汁等。此后随着宝宝吞咽能力的增强，逐渐减少食物中的含水量，做成类似酸奶或米糊的流食。千万不要一开始就让宝宝吃大人吃的米粥，以免造成宝宝吞咽困难或消化不良。

1天1餐辅食

宝宝刚开始吃辅食，1天只需喂食1餐。待宝宝满6个月之后再增加为1天2餐。喂辅食的时间应固定，每天基本都在一个时间喂食，有助于宝宝养成良好的饮食习惯。

降低过敏概率

只要是口味清淡、新鲜的食材，都可以拿来给宝宝做辅食，从五谷根茎类食材开始，再到蔬菜、水果，所有食材都要煮熟，降低宝宝过敏的概率。

一次只添加1种新食材

一次只给宝宝尝试1种新鲜食材，连续3～5天都没有过敏反应时，再尝试新的食材。每1～2周，可以在食谱中再添加一种蔬菜，这样6个月大的宝宝大多已经能吃3～4种蔬菜了。

吞咽期辅食无需调味

宝宝 5 ~ 6 个月大时，是开启味觉新世界的关键时期，给宝宝的辅食应保持食物的原味，不要添加额外的调味料。

先喂辅食再喂奶

如果喂完辅食后，宝宝不想喝奶，不要强喂。如果宝宝不喜欢辅食，一直拒绝食用，可以在宝宝觉得饥饿时，先让宝宝食用适量的母乳或配方乳，再喂食少量果汁等辅食。经过一段时间之后，可逐渐尝试在宝宝饥饿时，先喂辅食，这个过程大约需要 1 个月的时间。

试着用小汤匙喂食

此阶段给宝宝喂食，应重点训练宝宝吞咽食物的能力，不用严格要求宝宝吃下多少辅食。妈妈可以试着用小汤匙喂食，开始时大约只喂 1/4 小匙，等宝宝适应后再逐渐增加到 1 小匙，几天后再喂 2 小匙。如果宝宝没有出现什么异常反应，便可以隔两天增加一次喂食量。宝宝满 6 个月后，可以每天进食 2 次辅食，一次的进食量为成人汤匙的 4 ~ 5 匙。

正确的喂食方式

在喂宝宝吃辅食的时候，汤匙必须与宝宝的下唇保持水平。

步骤 1：用汤匙轻轻碰触宝宝的下唇。

步骤 2：宝宝张口后，将汤匙保持水平，轻轻放于宝宝的下唇上。

步骤 3：待宝宝上唇下落阖上，食物进入口中时，慢慢将汤匙抽出。

注意：千万不要将汤匙摩擦宝宝的上唇喂食，这样无法让宝宝练习自己吃辅食。

嫩南瓜米汤

【营养功效】嫩南瓜中的维生素 A 和维生素 C 含量较高，可增强宝宝免疫力，预防呼吸道疾病。

原料

嫩南瓜50克，大米30克

烹饪技巧

随着宝宝咀嚼能力的增强，妈妈可将本品逐渐从汤水变成米糊或米粥给宝宝食用。

做法

1 嫩南瓜洗净，去皮和籽，切成小块。

2 大米洗净，用清水浸泡约 20 分钟。

3 砂锅中注入适量清水烧开，倒入泡发的大米，用大火煮至沸。

4 再往锅中放入切好的嫩南瓜，煮至南瓜熟软。

5 将煮好的米汤盛出，倒入滤网中，滤出汤汁，再将过滤好的米汤倒入碗中即可。

清淡米汤

【营养功效】大米所含的碳水化合物、蛋白质等营养成分能刺激宝宝胃液的分泌，增强宝宝消化系统的功能。

原料

水发大米90克

烹饪技巧

为使大米的米油更好地析出，妈妈在熬制米汤时，水量可少一些，熬煮时间也可适当延长。

扫一扫二维码
视频同步学美味

做法

1 砂锅中注入适量清水烧开，倒入洗净、泡发的大米。

2 搅拌均匀。

3 盖上锅盖，大火烧开后改用小火煮20分钟，至米粒熟软。

4 揭开锅盖，搅拌均匀。

5 将煮好的粥滤入碗中。

6 待米汤稍微冷却后即可食用。

青菜水

【营养功效】上海青所含的钙在绿叶蔬菜中较高，给宝宝食用，可补充其生长发育所需的钙质。

原料

上海青40克

烹饪技巧

上海青宜先在淘米水中浸泡一会儿，可去除上面大部分的农药残留，再用水清洗干净即可。

做法

1 切掉上海青根部，洗净，再切小瓣，改切成小块，备用。

2 砂锅中注入适量清水，大火烧开，倒入切好的上海青，拌匀。

3 盖上盖，烧开后改用小火，续煮约10分钟至上海青熟。

4 关火后揭盖，将锅中食材连同汁水倒入滤网中过滤，再将过滤好的青菜水倒入碗中即可。

扫一扫二维码
视频同步学美味

菠菜水

【营养功效】菠菜含有较为丰富的铁，4 个月后的宝宝食用，能补充其对铁的需求。

原料

菠菜60克

烹饪技巧

菠菜先在开水中烫一下再放入锅中煮水，可去掉80％的草酸，更适合宝宝食用。

扫一扫二维码
视频同步学美味

做法

1 将洗净的菠菜切去根部，再切成长段，备用。

2 砂锅中注入适量清水烧开，放入切好的菠菜，拌匀。

3 盖上盖，烧开后用小火煮约 5 分钟至其营养成分析出。

4 揭盖，关火后盛出煮好的汁水，装入杯中即可。

土豆糊

菠菜糊

土豆糊

扫一扫二维码
视频同步学美味

【营养功效】土豆淀粉含量高，易于消化吸收，能提供给宝宝大量的热量；土豆还含有丰富的蛋白质、B 族维生素、维生素 C 等成分，能增强宝宝的消化系统功能。

原料

奶粉30克，土豆70克

做法

1　将洗净去皮的土豆切片，再切细丝，改切成丁，浸入清水中，待用。

2　奶粉装于碗中，注入适量温水，调匀，制成奶糊，待用。

3　锅置火上，倒入备好的土豆丁，拌匀，煮约 3 分钟，边煮边搅拌，至食材变软。

4　关火后盛出，碾碎成泥状，待用。

5　另起锅，放入土豆泥，拌匀，倒入调好的奶糊，搅匀，煮出奶香味。

6　关火后盛入碗中即可。

菠菜糊

扫一扫二维码
视频同步学美味

【营养功效】菠菜所含的膳食纤维含量较高，具有促进肠道蠕动的作用，宝宝常食有助于消化吸收和通便。

原料

水发大米130克，菠菜50克

做法

1　锅中注水烧开，放入洗净的菠菜，焯片刻后捞出，放凉后切成碎末，待用。

2　奶锅中注水烧开，放入洗净的大米，搅散，盖上盖，烧开后转小火煮约 35 分钟。

3　揭盖，搅动几下，关火后盛出，装在碗中，加入菠菜碎，拌匀，调成菠菜粥，待用。

4　备好榨汁机，选择搅拌刀座组合，倒入菠菜粥，启动机器，将食材搅碎后滤入碗中。

5　奶锅置于旺火上，倒入菠菜糊，拌匀，大火煮沸，关火后盛入碗中，稍微冷却后食用即可。

胡萝卜糊

【营养功效】胡萝卜所含的胡萝卜素进入人体后，有 50% 会转化成维生素 A，有补肝明目的作用。

原料

胡萝卜碎100克，粳米粉80克

烹饪技巧

胡萝卜中的脂溶性维生素必须在油脂中才能被消化吸收，妈妈在制作本品时可加两滴植物油。

做法

1 备好榨汁机，倒入胡萝卜碎，注入清水，盖好盖子。

2 选择第二档位，待机器运转约 1 分钟，搅碎食材，榨出胡萝卜汁。

3 断电后倒出汁水，装在碗中，待用。

4 把粳米粉装入碗中，倒入榨好的汁水，边倒边搅拌，调成米糊，待用。

5 奶锅置于旺火上，倒入米糊，拌匀，用中小火煮约 2 分钟，使食材成浓稠的黏糊状。

6 关火后盛入小碗中，稍微冷却后食用即可。

扫一扫二维码
视频同步学美味

红薯糊

【营养功效】红薯含有丰富的赖氨酸，搭配粳米粉食用，营养更全面，宝宝食用可促进智力发育、提升免疫力。

原料

红薯丁80克，粳米粉65克

烹饪技巧

切好的红薯在淡盐水中浸泡10分钟后再制作，宝宝食用后更容易消化，且不会打嗝。

扫一扫二维码
视频同步学美味

做法

1　将粳米粉放在碗中，加入清水，搅匀，再倒入红薯丁，搅匀，制成红薯米糊，待用。

2　奶锅中注水烧热，倒入红薯米糊，搅匀，用大火煮约5分钟，至食材熟软，关火后盛入碗中，待用。

3　备好榨汁机，选择搅拌刀座组合，倒入红薯米糊，盖好盖子。

4　选择"搅拌"功能，待机器运转约40秒，搅碎食材，断电后倒出榨好的红薯糊，装在碗中，待用。

5　奶锅置于旺火上，倒入榨好的红薯糊，拌匀，大火煮沸，关火后盛入碗中即可。

香梨泥

【营养功效】梨，生食和熟食功效不同，香梨榨汁给宝宝食用可起到"清六腑之热"的功效。

原料

香梨150克

烹饪技巧

除了用榨汁机，妈妈还可以直接用研磨碗制作梨泥。用研磨碗制作泥，可很好地控制泥的粗细程度。

做法

1 清洗干净的香梨去皮，切开，去除果核，再改切成小块。

2 取榨汁机，选择搅拌刀座组合。

3 倒入切好的香梨。

4 盖上盖，选择"榨汁"功能，榨取果泥。

5 将榨好的果泥装入碗中即可。

扫一扫二维码
视频同步学美味

南瓜米粉

【营养功效】南瓜含有丰富的锌，锌参与人体内核酸、蛋白质的合成，是宝宝生长发育的重要物质。

原料

南瓜300克，米粉20克

烹饪技巧

妈妈在制作这道辅食时，可根据宝宝月龄和发育情况决定加水量的多少，以调制出不同的稠度。

扫一扫二维码
视频同步学美味

做法

1 洗净去皮的南瓜切成片，待用。

2 蒸锅上火烧开，放入南瓜片。

3 盖上锅盖，用大火蒸 30 分钟至其熟软；关火后揭开锅盖，将南瓜片取出，放凉待用。

4 将少量凉开水倒入米粉中，搅拌均匀，待用。

5 用刀将南瓜压成泥状，装入盘中，备用。

6 将南瓜泥放入米粉中，搅拌均匀，注入适量沸水，边倒边搅拌。

7 将拌好的米粉装入碗中即可。

土豆稀粥

西瓜稀粥

土豆稀粥

【营养功效】土豆所含的维生素较为全面，且含量高，可为宝宝
提供成长所需的多重营养。

扫一扫二维码
视频同步学美味

原料

米碎90克，土豆70克

做法

1　洗好去皮的土豆切小块，放在蒸盘中，待用。

2　蒸锅上火烧开，放入蒸盘，盖上盖，用中火蒸 20 分钟至土豆熟软；揭盖，取出土豆，
放凉后将土豆压碎，碾成泥状，装盘待用。

3　砂锅中注入适量清水烧开，倒入备好的米碎，搅拌均匀。

4　盖上盖，烧开后用小火煮 20 分钟至米碎熟透。

5　揭盖，倒入土豆泥，搅拌均匀，继续煮 5 分钟，关火后盛出煮好的稀粥即成。

西瓜稀粥

【营养功效】西瓜有清热解暑的功效，将其制成粥给宝宝食用，营养更好吸收。

原料

西瓜80克，水发米碎60克

做法

1　取榨汁机，选择搅拌刀座组合，倒入切好的西瓜，注入少许温开水，盖上盖，榨取西瓜汁。

2　将榨好的西瓜汁滤入碗中，待用。

3　锅中注入适量清水，烧开，倒入备好的米碎，拌匀，盖上锅盖，烧开后用小火煮 30 分
钟至熟。

4　揭开盖，倒入西瓜汁，拌匀，加盖，用大火煮 2 分钟，关火后盛出煮好的稀粥即可。

玉米浓汤

南瓜泥

玉米浓汤

【营养功效】牛奶和玉米都富含钙，搭配成汤，利于宝宝对钙的吸收，促进骨骼发育。

原料

鲜玉米粒100克，配方牛奶150毫升

做法

1　取榨汁机，选择搅拌刀座组合，倒入洗净的玉米粒，加入少许清水，盖上盖子。

2　通电后选择"榨汁"功能，榨一会儿，制成玉米汁。

3　断电后倒出玉米汁，待用。

4　汤锅上火烧热，倒入玉米汁，慢慢搅拌几下，用小火煮至汁液沸腾，倒入配方牛奶，搅拌匀，续煮片刻至沸。

5　关火后盛出煮好的浓汤，放在小碗中即成。

南瓜泥

【营养功效】南瓜所含的果胶可以保护宝宝的胃肠道黏膜免受粗糙食品的刺激。

扫一扫二维码
视频同步学美味

原料

南瓜200克

做法

1　洗净去皮的南瓜切成片，取出蒸碗，放入南瓜片，备用。

2　蒸锅上火烧开，放入蒸碗。

3　盖上盖，烧开后用中火蒸 15 分钟至熟。

4　揭盖，取出蒸碗，放凉待用。

5　取一个大碗，倒入蒸好的南瓜，压成泥；另取一个小碗，盛入做好的南瓜泥即可。

苹果红薯泥

【营养功效】苹果有"智慧果""记忆果"的美称，婴幼儿常食有增强记忆力、提升智力的作用。

原料

苹果90克，红薯140克

烹饪技巧

红薯皮含碱量较多，食用过多会导致胃肠不适，在烹饪时可将其表皮去掉。

做法

1 将去皮洗净的红薯切成瓣；去皮洗好的苹果切成瓣，去核，改切成小块，装盘待用。

2 把红薯和苹果一起放入蒸锅中，盖上盖，用中火蒸15分钟至熟；揭盖，将蒸熟的苹果、红薯取出。

3 把红薯放入碗中，用勺子把红薯压成泥状，倒入苹果，压烂，拌匀。

4 取榨汁机，选择搅拌刀座组合，把苹果红薯泥舀入杯中，搅匀。

5 将做好的苹果红薯泥装入碗中即可。

扫一扫二维码
视频同步学美味

奶香土豆泥

【营养功效】土豆的蛋白质、钙和维生素 A 含量稍低，搭配配方乳，能为宝宝健康成长提供更丰富、全面的营养。

原料

土豆250克，配方奶粉15克

烹饪技巧

制作本品时选用的配方奶粉应适合宝宝的月龄，如果没有也可用鲜牛奶代替。

扫一扫二维码
视频同步学美味

做法

1 将适量开水倒入配方奶粉中，搅拌均匀。

2 洗净去皮的土豆切成片，待用。

3 蒸锅上火烧开，放入土豆。

4 盖上锅盖，用大火蒸30分钟至熟软。

5 关火后揭开锅盖，将土豆取出，放凉待用。

6 用刀背将土豆压成泥，放入碗中。

7 将调好的配方奶倒入土豆泥中，搅拌均匀。

8 将做好的土豆泥倒入碗中即可。

雪梨汁

【营养功效】雪梨所含的木质和纤维素可刺激宝宝肠道蠕动，预防便秘的发生。

原料

雪梨270克

烹饪技巧

雪梨皮中含有较多纤维素，但口感较粗糙，如果宝宝能接受，在榨汁之前可不用去皮，但要清洗干净。

做法

1 洗净的雪梨去皮，切开，去核，把果肉切成小块，备用。

2 取榨汁机，选择搅拌刀座组合，倒入切好的雪梨果肉块。

3 注入适量温开水，盖上盖。

4 选择"榨汁"功能，榨取雪梨汁。

5 断电后将榨好的雪梨汁装入杯中，撇去浮沫即可给宝宝喂食。

扫一扫二维码
视频同步学美味

苹果汁

【营养功效】苹果含有鞣质和多种果酸，可以帮助食物消化，并有促进胃收敛的功能，能加速宝宝对食物的消化吸收。

原料

苹果90克

烹饪技巧

苹果切开后，容易氧化变黑，使营养物质流失，切好的苹果如果暂时不用，可以先浸泡在淡盐水中。

扫一扫二维码
视频同步学美味

做法

1　将洗净的苹果削去果皮，切开果肉，去除果核，将果肉切瓣，再切成丁，备用。

2　取榨汁机，选择搅拌刀座组合，倒入苹果丁。

3　注入少许温开水，盖上榨汁机盖。

4　选择"榨汁"功能，榨取苹果汁。

5　断电后倒出苹果汁，装入碗中即可。

最近胃口不错，而且我已经长出了2颗小小的乳牙，能够靠着舌头的前后、上下蠕动吃进更多的食物了。

4

Chapter

蠕嚼期：

我想吃多一点、杂一点，长出好牙口！

　　7～8个月的宝宝大多已长出小牙，这时给宝宝的辅食品种和分量都可以多一些了，还可以添加少量柔软的固体状食物，最好是像豆腐般柔软的食物，让宝宝用舌头便能轻松搅碎。随着宝宝越来越适应辅食，宝宝胃口的增大以及对辅食兴趣的提升，断奶工作也在如期推进。

7～8个月：出牙宝宝的辅食挑战

7～8个月是宝宝的长牙时期，这两个月宝宝的消化功能大大提升，可以尝试更多种类的食材，摄取更全面的营养素，防止偏食或挑食。此时给宝宝吃的辅食质地应该是半固体型态，建议以粥状食物为主，可以锻炼他的咀嚼能力。

1 7～8个月宝宝的生理特点

发育指标		7个月	8个月
体重 （千克）	男宝宝	6.7 ~ 9.7	6.9 ~ 10.2
	女宝宝	6.3 ~ 10.1	6.4 ~ 10.2
身长 （厘米）	男宝宝	65.5 ~ 74.7	66.2 ~ 75.0
	女宝宝	63.6 ~ 73.2	64.0 ~ 73.5
头围 （厘米）	男宝宝	42.0 ~ 47.0	42.2 ~ 47.6
	女宝宝	40.7 ~ 46.0	42.2 ~ 46.3
胸围 （厘米）	男宝宝	40.7 ~ 49.1	41.3 ~ 49.5
	女宝宝	39.7 ~ 47.7	40.3 ~ 48.1

宝宝的身体特点

→ 能够稳稳地坐着

→ 舌头前后、上下都可以活动

→ 有的宝宝长出2颗下前牙

→ 喜欢用手抓取东西塞到嘴里

宝宝的身体特点

这个时期宝宝的舌头除了会前后运动之外，也能上下运动了，当遇到无法直接吞咽的块状食物时，他可以利用舌头、牙龈和上颚嚼碎食物，然后再吞咽下去。所以妈妈在准备辅食时可以从半固体型态入手，如米粥、含有果粒的果汁或颗粒较粗的蔬菜泥等，以锻炼他的咀嚼能力。

2　7～8个月宝宝每日营养需求

能量	蛋白质	脂肪	烟酸	叶酸
397 千焦 / 千克体重（非母乳喂养加 20%）	1.5 ～ 3 克 / 千克体重	占总能量的 35% ～ 40%	3 毫克烟酸当量	80 微克叶酸当量
维生素 A	维生素 B_1	维生素 B_2	维生素 B_6	维生素 B_{12}
400 微克视黄醇当量	0.3 毫克	0.5 毫克	0.3 毫克	0.5 微克
维生素 C	维生素 D	维生素 E	钙	铁
50 毫克	10 微克	3 毫克 α - 生育酚当量	400 毫克	10 毫克
锌	硒	镁	磷	碘
5 毫克	20 微克	70 毫克	300 毫克	50 微克

3　让宝宝适应辅食，逐步断奶

　　宝宝开始长牙之后，辅食的添加主要是让他逐渐适应，并做好断奶准备。由于之前已经给宝宝吃过一段时间的辅食了，所以这一阶段的辅食添加可以多尝试半固体形态的食物。注意不要突然增加硬度，最初应在黏糊糊的食材中夹杂少量柔软的块状物，让宝宝感受一口能吃下的分量、厚度和硬度等。等他习惯使用这种咀嚼方式后，再慢慢增加辅食的浓稠度与颗粒大小。

母乳喂养为主，
逐步适应辅食

　　不过，即使是较晚开始吃辅食的宝宝，也应在 7 个半月左右改为每日吃两餐的饮食习惯，这样可以使宝宝养成规律吃辅食的习惯，为逐步断奶做好进一步的准备，而且，此时添加辅食也可以促进其咀嚼能力的发育。

妈妈经验谈：蠕嚼期宝宝这样喂

当宝宝已经进入了长牙时期，并能自己稳稳地坐着时，就可以给宝宝添加更多种类的辅食了。此时妈妈给宝宝的辅食可以做成果酱状、泥糊状等，添加少量柔软的块状物，让宝宝逐渐适应辅食是这个时期的主要目的。

1 喂食时间分配

宝宝7~8个月时，可以逐渐增加辅食量，一天喂两餐，让宝宝练习咀嚼着吃辅食的能力，可以给他喂一些蔬果汁、蛋黄泥、肉泥、米糊、果酱等，添加少量柔软的块状物。

7个月宝宝饮食时间表（1天2顿辅食）

6:00	10:00	12:00	14:00	18:00	22:00

这个时期的营养

辅食
30%

70%
母乳与配方乳

8个月宝宝饮食时间表（1天2顿辅食）

6:00	10:00	12:00	14:00	18:00	22:00

这个时期的营养

辅食
40%

60%
母乳与配方乳

 母乳或配方乳　　 辅食　　 果汁

2　可接受的食物软硬度

　　宝宝7个月大时，因为开始长出牙齿，所以可以吃些半固体形态的辅食了，例如看得见颗粒的粥状食物。8个月时，可以增加颗粒大小和食物硬度，以能让宝宝用舌头磨碎为原则，在喂下一口之前，应确认宝宝是否经过数秒咀嚼将食物咽下。

碳水化合物	维生素、矿物质	蛋白质
大米	西红柿	豆腐
红薯	菠菜	蛋黄

3　宝宝吃辅食的状况

吃辅食时自己坐得稳了

　　宝宝吃辅食时，可以独自稳稳地坐着，让妈妈喂，坐着时可以让宝宝的双脚放在床边或餐椅的搁脚板上，以锻炼他的腿部力量。

开始出牙，喜欢吃手

　　宝宝出牙时牙床会痒或疼，所以喜欢吃手，或者捡起周围的东西放到嘴里，妈妈可以准备磨牙棒给宝宝用，锻炼他的咀嚼能力。

对辅食表现出喜爱和兴趣

　　宝宝在吃辅食时，开始逐渐表现出自己的喜好和兴趣，一看到汤匙就会迫不及待地张大嘴巴，向前探身，一副想要快点吃的模样。

4 喂养小秘籍

宝宝7～8个月，随着牙齿的长出，开始步入蠕嚼期，可以尝试更多种类的辅食，在喂养过程中，掌握下列小秘籍，可以让宝宝吃得更香，长得更棒。

增加辅食的浓稠度

从吞咽期的米汤、米糊开始，随着宝宝的慢慢长大，开始出牙等，妈妈可以逐渐增加给宝宝的辅食的浓稠度了，例如可以准备如同豆腐或果冻般硬度的块状食物，或将蛋黄、胡萝卜、鱼肉、鸡胸肉等食材做成厚厚的果酱状，尝试喂宝宝吃，同时仔细观察他的进食情况和咀嚼反应能力，适时调整辅食的硬度，让宝宝慢慢习惯由软变硬的过程，既能锻炼他的咀嚼能力，又可以满足宝宝的营养需求。

增加辅食种类，均衡摄取营养

宝宝可以用舌头和牙齿嚼碎食物后，就能尝试喂他更多种类的辅食了，除了之前的水果和蔬菜泥、蛋黄泥之外，像鸡胸肉、金枪鱼、三文鱼等富含优质蛋白质的肉类都可以给他尝试，妈妈可以先将食材加热煮软，煮至用手指能轻松捏碎的程度，然后磨碎，以勾芡的方式制成滑溜状，喂宝宝吃。同时辅食的食谱可以经常变化，让宝宝养成不挑食的好习惯，还能摄取均衡的营养。

把握时机增加喂辅食的次数

这一阶段的宝宝开始学习爬行了，活动量日益增大，热量需求大大增加，辅食添加就显得越来越重要。妈妈可以把握时机，增加给宝宝喂辅食的次数，由之前的一天喂1餐逐渐过渡到一天喂2餐，即在原来上午十点喂一餐的基础上，下午六点钟也喂一餐辅食，并让宝宝慢慢适应这一进餐习惯。

依宝宝需求增加辅食量

与5~6个月的宝宝相比，这一阶段的宝宝随着身体的生长发育，营养需求有所调整，其中，能量和蛋白质的营养需求保持不变，脂肪的需求量降低了5%~10%，烟酸增加了1毫克，叶酸增加了15微克，各类维生素的需求相应有所增多，钙、铁、锌等元素也要多摄取一部分。这些增加的营养需求都需要从辅食中获得，因此，妈妈应依照宝宝的需求，适当增加辅食的数量，同时减少喂奶次数，使辅食逐渐取代奶而成为独立的一餐。

辅食可以有点味道了

与上一阶段的辅食添加相比，随着宝宝辅食种类的增多，此时的辅食可以有点味道了。妈妈需知道，宝宝辅食的味道浓度为成人食物的1/10左右，不可以太高，也不能太低，太高会使宝宝的口腔和消化系统无法承受，太低则不能引起宝宝进食的兴趣。妈妈可以给宝宝煮杂烩粥，在粥中加入少许适合宝宝吃的菜碎、肉末等，使辅食口味更丰富。

引导宝宝使用小汤匙

宝宝可以稳稳地坐着了，且舌头可以灵活运动，喜欢用手抓东西吃，此时妈妈可以鼓励宝宝自己动手吃饭了，学吃是一个必经的过程。可以去母婴用品店给宝宝买专门的餐具，引导宝宝使用小汤匙，平时也可以给他准备一些黄瓜条、长条饼干等，适度培养宝宝想自己吃的欲望。

固定吃饭的时间与地点

妈妈最好让宝宝在固定的地点、固定的时间吃饭，让他慢慢形成吃饭的概念，并养成专心吃饭的良好习惯，不要一边吃一边玩，或者一边吃一边看电视，也不要在喂宝宝时和宝宝说太多的话，或和其他家庭成员聊天。

豌豆糊

【营养功效】豌豆含有丰富的钙、蛋白质，对宝宝的生长发育大有益处，可为正在出乳牙的宝宝提供丰富的营养。

原料

豌豆120克，鸡汤200毫升

调料

盐少许

烹饪技巧

将榨好的豌豆鸡汤汁过滤后再煮，口感会更滑腻。

做法

1　汤锅中注入适量清水，倒入洗好的豌豆，煮约15分钟至熟，捞出，沥干水分，装碗备用。

2　取榨汁机，选搅拌刀座组合，倒入豌豆，加入100毫升鸡汤，启动机器，榨取豌豆鸡汤汁。

3　将榨好的豌豆鸡汤汁倒入碗中，待用。

4　把剩余的鸡汤倒入汤锅中，加入豌豆鸡汤汁，用锅勺搅散，用小火煮沸。

5　放入少许盐，搅匀，将煮好的豌豆糊装碗即可。

扫一扫二维码
视频同步学美味

蛋黄糊

【营养功效】宝宝食用蛋黄，不仅能促进大脑的发育，还可增强记忆力，提高学习的能力。

原料

熟鸡蛋1个，米碎90克

调料

盐少许

烹饪技巧

蛋黄最好剁得细碎一些，这样宝宝咀嚼起来会更方便，营养也更容易吸收。

扫一扫二维码
视频同步学美味

做法

1　熟鸡蛋去除外壳，取出蛋黄压碎，剁成末，备用。

2　汤锅中注入适量清水烧开，下入米碎，用大火煮约3分钟至米粒呈糊状。

3　转小火，倒入部分蛋黄末，再加入少许盐，搅拌均匀，续煮片刻至入味。

4　关火后盛出煮好的米糊，装在碗中。

5　撒上余下的蛋黄末点缀即成。

核桃糊

【营养功效】核桃健脑益智效果非常好，将其制成米糊，适合这一时期的宝宝食用，能让宝宝更聪慧。

原料

米碎70克，核桃仁30克

烹饪技巧

核桃的个头比米碎大，妈妈在制作本品时最好多搅拌几次，使核桃彻底被搅拌成细末，更有利于营养的消化吸收。

做法

1　取榨汁机，选用搅拌刀座及其配套组合，倒入米碎，注入少许清水，盖上盖，选择"搅拌"功能，将米碎制成米浆，装入碗中，备用。

2　把洗好的核桃仁放入榨汁机中，注入少许清水，盖上盖，通电后选择"搅拌"功能，搅拌片刻。

3　断电后倒出拌好的核桃仁，制成核桃浆，备用。

4　汤锅置于火上加热，倒入核桃浆、米浆，搅匀，用小火续煮片刻，待浆汁沸腾后关火，盛出煮好的核桃糊，放在小碗中即可。

南瓜小米糊

【营养功效】小米可以促进宝宝生长发育，防止消化不良，比较适合肠胃功能尚不完善的宝宝食用。

原料

南瓜160克，小米100克，蛋黄末少许

烹饪技巧

摆放南瓜时，可以将南瓜片之间的间隔稍微放大一点儿，这样可以有效缩短烹饪时间，使南瓜更容易蒸熟。

扫一扫二维码
视频同步学美味

做法

1 去皮洗净的南瓜切片，摆在蒸盘中。

2 蒸锅上火烧沸，放入蒸盘。

3 加盖，用中火蒸15分钟至南瓜变软。

4 揭盖，取出蒸好的南瓜，放凉，置于案板上，用刀背压扁，制成南瓜泥。

5 汤锅中注入适量清水烧开，倒入洗净的小米，轻轻搅拌几下。

6 盖上盖子，煮沸后用小火煮约30分钟至小米熟透。

7 取下盖子，倒入南瓜泥，搅散拌匀，撒上蛋黄末，拌匀，续煮片刻至沸，关火后盛出即可。

芝麻米糊

【营养功效】宝宝食用白芝麻，可以补充所缺乏的铁、锌等营养物质，其中所含的卵磷脂还可促进宝宝智力发育。

原料

粳米85克，白芝麻50克

烹饪技巧

制作时，要将食材磨得精细一些，这样宝宝食用后才能更好地吸收其中的营养物质。

做法

1 烧热炒锅，倒入洗净的粳米，用小火翻炒至米粒呈微黄色，再倒入白芝麻，炒出芝麻的香味。

2 关火后盛出炒制好的食材，待用。

3 取来榨汁机，选用干磨刀座及其配套组合，倒入炒好的食材，盖上盖，通电后选择"干磨"功能，磨至食材呈粉状。

4 断电后取出磨好的食材，制成芝麻米粉，待用。

5 汤锅中注水烧开，放入芝麻米粉，慢慢搅拌几下，用小火煮片刻至食材呈糊状，关火后盛出即可。

扫一扫二维码
视频同步学美味

鸡肝糊

【营养功效】鸡肝具有维持正常生长和生殖机能的作用，还可保护宝宝的视力。

原料

鸡肝150克，鸡汤85
毫升

调料

盐少许

烹饪技巧

在煮鸡肝之前，可以用
清水将其浸泡约半小
时，以溶解、去除鸡肝
里的毒素。

扫一扫二维码
视频同步学美味

做法

1　将洗净的鸡肝装入盘中，放入烧开
的蒸锅中。

2　盖上锅盖，用中火蒸 15 分钟至鸡肝
熟透。

3　揭开锅盖，把蒸熟的鸡肝取出，放
凉后用刀将鸡肝压烂，剁成泥状。

4　把鸡汤倒入汤锅中，煮沸，调成中火，
倒入备好的鸡肝泥，用勺子拌煮 1
分钟，加入少许盐。

5　用勺子继续搅拌一会儿，至其入味。

6　关火后，将煮好的鸡肝糊倒入碗中
即可。

牛肉糊

【营养功效】将牛肉做成糊状，更加熟烂，可被宝宝更好地消化，还能提高机体抗病能力。

原料

牛肉35克，水发大米80克

烹饪技巧

妈妈在制作本辅食时，还可以加入适量切碎的胡萝卜，丰富食材的同时，可以使营养更全面。

做法

1　洗净的牛肉切碎，待用。

2　奶锅置于火上，倒入泡发好的大米、牛肉碎，拌匀。

3　注入适量开水，搅拌9分钟至米粒透明，再注入适量开水，煮约9分钟至呈糊状。

4　关火后盛出煮好的牛肉糊，装入碗中，放凉待用。

5　取榨汁机，倒入放凉的牛肉糊，加盖，榨半分钟。

6　断电后将榨好的牛肉糊过滤到碗中。

7　奶锅置于火上，倒入牛肉糊，加热片刻。

8　关火后盛出煮好的牛肉糊，装入碗中即可。

扫一扫二维码
视频同步学美味

鸡肉糊

【营养功效】鸡肉消化率高，很容易被宝宝吸收利用，搭配益脾胃的粳米煮成米糊食用，有开胃消食的作用。

原料

鸡胸肉30克，粳米粉45克

烹饪技巧

做好的鸡肉糊中可以加入少许芝麻油，味道更香，但要注意不能加太多，一点儿就好。

做法

1　洗净的鸡胸肉切成泥，待用。

2　奶锅置于火上，倒入鸡肉泥，注入适量开水，拌匀，稍煮至鸡肉泥转色。

3　关火后盛出煮好的鸡肉汁，装入碗中，放凉待用。

4　取榨汁机，倒入冷却后的鸡肉汁，盖上盖子，榨约半分钟。

5　断电后将榨好的鸡肉汁倒入奶锅中，加入粳米粉。

6　用小火搅拌5分钟至鸡肉糊黏稠。

7　关火后盛出煮好的鸡肉糊，过滤到碗中即可。

西蓝花土豆泥

土豆豌豆泥

西蓝花土豆泥

【营养功效】西蓝花富含叶酸、膳食纤维等，搭配土豆制成泥，更利于宝宝消化。

扫一扫二维码
视频同步学美味

原料

西蓝花50克，土豆180克

调料

盐少许

做法

1　汤锅注水烧开，放入洗好的西蓝花，用小火煮1分30秒至熟，捞入盘中。

2　将去皮洗净的土豆对半切开，切成块，装入盘中，放入烧开的蒸锅中。

3　加盖，用中火蒸15分钟至其熟透；揭盖，捞出煮熟的土豆块，再剁成泥，西蓝花剁成末。

4　取一个干净的大碗，倒入土豆泥，再放入西蓝花末，加入少许盐，用小勺子拌约1分钟至完全入味。

5　将拌好的西蓝花土豆泥舀入另一个碗中即成。

土豆豌豆泥

【营养功效】豌豆有助于增强宝宝的造血功能，防止宝宝贫血，同时还有助于宝宝骨骼的发育，与土豆搭配，可增加辅食的口味。

扫一扫二维码
视频同步学美味

原料

土豆130克，豌豆40克

做法

1　洗好去皮的土豆切成薄片，放入蒸盘中，转入烧开的蒸锅中。

2　加盖，用中火蒸约15分钟至食材熟软；揭盖，取出蒸盘，放凉待用。

3　将洗好的豌豆放入烧开的蒸锅中。

4　加盖，用中火蒸约10分钟至豌豆熟软；揭盖，取出豌豆，放凉待用。

5　取一个大碗，倒入土豆，压成泥，放入青豆，捣成泥，混合均匀，盛出即可。

鸡肉南瓜泥

【营养功效】鸡胸肉可以提高宝宝身体免疫力，搭配南瓜制成泥，常吃对身体健康有利。

原料

鸡胸肉65克，南瓜120克

调料

盐少许

烹饪技巧

妈妈制作时要选用个体结实、表皮无破损、无虫蛀的当季老南瓜。

做法

1 把去皮洗净的南瓜切成片；洗净的鸡胸肉切片，改切成丁，剁成肉泥。

2 将南瓜装入盘中，放入烧开的蒸锅中。

3 盖上盖，用中火蒸 10 分钟至熟。

4 揭盖，将蒸好的南瓜取出。

5 把南瓜倒入碗中，压碎，压烂。

6 汤锅中注入适量清水烧开，倒入南瓜泥，放入鸡肉泥，搅拌均匀，再加入少许盐，拌匀，用小火煮沸，关火后盛出即可。

扫一扫二维码
视频同步学美味

薯泥鱼肉

【营养功效】草鱼肉含有有益于宝宝生长发育的多种营养物质，搭配土豆制成泥，营养丰富又易于消化。

原料

土豆150克，草鱼肉80克

烹饪技巧

在切鱼肉和土豆时，应尽量切得薄一些，这样能缩短蒸的时间，宝宝也更容易消化。

扫一扫二维码
视频同步学美味

做法

1　将洗好的草鱼肉切成片；去皮洗净的土豆先对半切开，再改切成片。

2　将土豆、鱼肉分别装入盘中，放入烧开的蒸锅中。

3　盖上盖，用中火蒸15分钟至熟。

4　揭盖，把蒸熟的鱼肉和土豆取出。

5　取榨汁机，选搅拌刀座组合，杯中放入土豆、鱼肉。

6　拧紧刀座，选择"搅拌"功能，把鱼肉和土豆搅成泥状。

7　把鱼肉土豆泥倒入碗中即可。

蔬菜牛奶羹

【营养功效】芥菜有利于宝宝的智力发育，搭配营养丰富的西蓝花和牛奶，可以满足宝宝的营养需求。

原料

西蓝花80克，芥菜100克，牛奶100毫升

烹饪技巧

在榨汁时，要掌握好加水的量，不要加太多，以免搅拌时溢出来。

做法

1　洗好的西蓝花切成小块。

2　取榨汁机，选择搅拌刀座组合，把西蓝花、芥菜倒入杯中，加入适量清水。

3　盖上盖子，选择"搅拌"功能，榨取西蓝花汁，倒入碗中，待用。

4　将西蓝花汁倒入汤锅中，拌匀，用小火煮约1分钟，加入适量牛奶，用勺子不停搅拌，烧开。

5　将煮好的羹盛出，装入碗中即成。

扫一扫二维码
视频同步学美味

橙子南瓜羹

【营养功效】橙子具有开胃下气的作用，还可帮助宝宝消食，对智力发育很有帮助。

原料

南瓜200克，橙子120克

调料

冰糖适量

烹饪技巧

南瓜本身有甜味，所以冰糖可以少放些，也可以不放。

扫一扫二维码
视频同步学美味

做法

1 洗净去皮的南瓜切成片；洗好的橙子切去头尾，切取果肉，再剁碎。

2 蒸锅上火烧开，放入南瓜片。

3 盖上盖，烧开后用中火蒸约 20 分钟至南瓜软烂。

4 揭开锅盖，取出南瓜片，放凉后放入碗中，捣成泥状，待用。

5 锅中注入适量清水烧开，倒入适量冰糖，搅拌匀，煮至溶化。

6 倒入南瓜泥，快速搅散，倒入橙子肉，搅拌匀，用大火煮 1 分钟，撇去浮沫。

7 关火后盛出煮好的羹即可。

牛肉菠菜粥

【营养功效】牛肉和菠菜都是富含铁元素的食物，均能起到补血的作用，对强健宝宝体格很有帮助。

原料

水发大米85克，牛肉50克，菠菜叶40克

烹饪技巧

在切牛肉时应垂直它的纹理切，这样能把筋络切断，更省力，也更方便宝宝咀嚼。

做法

1 洗净的牛肉切碎。

2 锅中注水烧开，倒入洗净的菠菜叶，焯片刻。

3 关火后捞出焯好的菠菜叶，沥干水分，装入碗中。

4 将菠菜叶切碎，待用。

5 取榨汁机，注入适量清水，放入水发大米、菠菜碎，盖上盖子，榨约半分钟，断电后取下机身，待用。

6 砂锅置于火上，放入牛肉碎，炒匀，倒入大米菠菜汁，煮约30分钟，关火后盛出即可。

扫一扫二维码
视频同步学美味

苹果玉米粥

【营养功效】本品不仅容易消化吸收，而且营养价值很高，对提高宝宝记忆力和抗病能力有很好的作用。

原料

玉米碎80克，熟蛋黄1个，苹果50克

烹饪技巧

煮熟的鸡蛋可以放入冷水中浸泡一会儿，这样更容易去除蛋壳，方便制作。

扫一扫二维码
视频同步学美味

做法

1　洗好的苹果切开，去核，削去果皮，把果肉切成片，切成丁，再剁碎。

2　蛋黄切成细末，备用。

3　砂锅中注入适量清水烧开，倒入玉米碎，搅拌均匀。

4　盖上盖，烧开后用小火煮约15分钟

至其呈糊状。

5　揭开锅盖，倒入苹果碎，撒上蛋黄末，搅拌均匀。

6　关火后盛出玉米粥，装入碗中即可。

芹菜粥

【营养功效】芹菜含有宝宝生长发育所必需的蛋白质、膳食纤维、胡萝卜素等营养成分，做成粥更加利于宝宝吸收。

原料

嫩芹菜30克，大米250克

调料

白糖少许

烹饪技巧

可以在煮好的粥中加入少许芝麻油，这样味道会更好，但要掌握好量。

做法

1 洗好的芹菜切小段，备用。

2 砂锅中注入适量清水烧热，倒入洗好的大米。

3 盖上盖，用大火煮开后转小火煮40分钟至大米熟软。

4 揭盖，倒入切好的芹菜梗，拌匀。

5 加入白糖，拌匀，略煮一会儿至芹菜熟软。

6 关火后盛出煮好的粥，装入碗中，撒上少许芹菜叶即可。

扫一扫二维码
视频同步学美味

牛肉包菜粥

【营养功效】包菜可增进食欲，促进消化，与牛肉搭配可提高宝宝免疫力，强壮骨骼。

原料

包菜段35克，牛肉40克，大米碎70克

烹饪技巧

在煮米糊的时候，为了防止粘锅，可将火开到最小，并用勺子多搅拌几次。

扫一扫二维码
视频同步学美味

做法

1 锅中注水烧开，倒入包菜段，焯片刻。

2 关火后捞出焯好的包菜段，沥干水分，装入盘中，放凉，切碎。

3 将洗净的牛肉切碎，待用。

4 砂锅置于火上，倒入牛肉碎、大米碎，炒匀。

5 注入适量清水，拌匀，小火煮约40分钟至呈糊状。

6 放入包菜碎，拌匀，续煮5分钟至入味。

7 关火后盛出煮好的牛肉包菜粥，装入碗中即可。

鳕鱼海苔粥

【营养功效】鳕鱼有强健骨骼的功效，搭配海苔煮成粥，能够很好地调理人体机能，增强宝宝的免疫力。

原料

水发大米100克，海苔10克，鳕鱼50克

烹饪技巧

可以稍微放点儿盐调味，能丰富食材的口感，但注意一次不要加太多，以免加大宝宝的肾脏负担。

做法

1　洗净的鳕鱼切碎，海苔切碎。

2　取出榨汁机，将泡好的大米放入干磨杯中，启动机器，将大米磨碎。

3　取下干磨杯，将米碎倒入盘中待用。

4　砂锅置火上，倒入米碎、水、鳕鱼碎，搅匀。

5　加盖，用大火煮开后转小火煮 30 分钟至食材熟软；揭盖，放入切好的海苔，搅匀。

6　关火后盛出煮好的粥，装入碗中即可。

扫一扫二维码
视频同步学美味

鲑鱼香蕉粥

【营养功效】鲑鱼有助于儿童大脑和身体的发育生长，适合宝宝经常食用，可增强身体各项机能。

原料

鲑鱼、去皮香蕉各60克，水发大米100克

烹饪技巧

在制作本品之前，可以将鲑鱼事先腌渍一会儿，煮出来的粥味道会更好。

扫一扫二维码
视频同步学美味

做法

1　香蕉切丁，洗净的鲑鱼切丁。

2　取出榨汁机，将泡好的大米放入干磨杯中，安上盖子，再将其扣在机器上，旋钮调至档位"2"，磨约1分钟至大米粉碎。

3　旋钮调至档位"0"，停止运作，取下干磨杯，将米碎倒入盘中待用。

4　砂锅置火上，注水，倒入米碎，搅匀。

5　加盖，用大火煮开后转小火续煮30分钟至米碎熟软。

6　揭盖，放入香蕉丁、鲑鱼丁，搅匀，煮约3分钟至食材熟软。

7　关火后盛出煮好的粥，装碗即可。

土豆豌豆粥

西蓝花胡萝卜粥

土豆豌豆粥

【营养功效】土豆含有蛋白质、优质淀粉及多种微量元素，具有和胃调中、健脾利湿等功效，与豌豆一起煮粥，营养更丰富。

扫一扫二维码
视频同步学美味

原料

水发大米120克，土豆40克，豌豆25克

做法

1　锅中注入适量清水烧开，放入洗净的豌豆。

2　焯一会儿，至食材变软，再捞出豌豆，沥干水分，放凉后去除表皮，待用。

3　洗净去皮的土豆切片，再切丝，改切丁。

4　砂锅中注入适量清水烧开，倒入洗净的大米，搅匀。

5　盖上盖，烧开后转小火煮约40分钟，至米粒熟软。

6　揭盖，倒入土豆丁、豌豆，拌匀，略煮，至食材熟透，关火后盛出即可。

西蓝花胡萝卜粥

【营养功效】此粥质地软，营养多，宝宝食用极为适合，对促进宝宝的生长发育及维持正常视觉功能具有十分重要的作用。

扫一扫二维码
视频同步学美味

原料

西蓝花60克，胡萝卜50克，水发大米95克

做法

1　汤锅注水烧开，倒入西蓝花，煮至断生，捞出；洗净的胡萝卜切粒。

2　汤锅中注水烧开，倒入水发好的大米，拌匀。

3　盖上盖，用小火煮30分钟至大米熟软；揭盖，倒入胡萝卜，搅拌匀。

4　盖上盖，用小火煮5分钟至食材熟透；揭盖，放入西蓝花，搅拌匀，大火煮沸。

5　将煮好的粥盛出，装碗即可。

青菜面糊

【营养功效】生菜的含水量很高，并含有膳食纤维及多种矿物质，常吃对宝宝的消化系统大有裨益。

原料

生菜120克，面粉90克

调料

盐少许

烹饪技巧

煮制此面糊时，一定要控制好火候，以免糊锅，影响成品的口感。

做法

1 汤锅中注入适量清水烧开，放入洗净的生菜，煮至断生，捞出，切碎，待用。

2 选择榨汁机的搅拌刀座组合，放入生菜。

3 盖上盖子，选择"搅拌"功能，榨取生菜汁。

4 将生菜汁倒入碗中，备用。

5 把面粉放入碗中，倒入生菜汁，拌匀，加入少许盐，搅拌成面糊。

6 汤锅中注入适量清水，烧热，倒入拌好的面糊，用勺子持续搅拌，用小火煮熟，盛出即可。

扫一扫二维码
视频同步学美味

鳕鱼蒸蛋

【营养功效】蛋黄与鳕鱼搭配，是一道富含蛋白质和多种维生素的食物，对宝宝骨骼发育十分有益。

原料

鳕鱼100克，蛋黄50克

烹饪技巧

蛋黄的口感较硬，在蒸的时候，可适量地多加点水，能使成品口感更嫩滑。

扫一扫二维码
视频同步学美味

做法

1 处理好的鳕鱼去皮，切厚片，切条，再切丁。

2 取一个碗，倒入蛋黄，注入适量清水，拌匀。

3 再取一个碗，倒入鳕鱼丁、蛋黄液，用保鲜膜将碗口包严，待用。

4 电蒸锅注水烧开，放入食材。

5 盖上盖，调转旋钮，定时10分钟至蒸熟。

6 掀开盖，将食材取出，撕去保鲜膜，即可食用。

总感觉牙龈痒痒的，想嚼点硬些的食物，而且我越来越
喜欢吃饭了，一天可以吃3顿，妈妈是不是很高兴呢？

5

Chapter

细嚼期：

我要自己慢慢嚼，
这样才更有滋味!

当宝宝能自己扶着东西慢慢站立的时候，他也能慢慢学着自己吃饭了。妈妈这时可以明显减少授乳量，同时给宝宝准备更为丰富的食物，食物颗粒可以更大一些、硬一些，不过依然要以软、烂、碎为原则，以方便宝宝咀嚼。如果宝宝想要用手抓食物，妈妈千万不要制止。

9～11个月：断奶宝宝的小小尝试

宝宝9～11个月，母乳或配方乳喂养仍要进行，但要掌握好奶和辅食的比例。此时的宝宝开始利用牙龈和牙齿来咀嚼食物，因此喜欢吃比较有口感的辅食，另外，宝宝的肠胃功能更加成熟了，对食物的过敏反应也相对降低。

1 9～11个月宝宝的生理特点

发育指标		9 个月	10 个月	11 个月
体重（千克）	男宝宝	7.0～10.5	7.4～11.4	7.7～11.9
	女宝宝	6.6～10.4	6.7～10.9	7.2～11.2
身长（厘米）	男宝宝	67.9～77.5	68.7～77.9	70.1～80.5
	女宝宝	64.3～74.7	66.5～76.4	68.8～79.2
头围（厘米）	男宝宝	43.0～48.0	43.5～48.7	43.7～48.9
	女宝宝	42.1～46.9	42.4～50.0	42.6～47.8
胸围（厘米）	男宝宝	41.6～49.6	42.0～50.0	42.2～50.2
	女宝宝	40.4～48.4	40.9～48.8	41.1～49.1

宝宝的身体特点

→ 能扶着东西站起来

→ 想用手大把抓东西

→ 有的宝宝开始长出上前牙

→ 舌头可以前后、上下、左右活动

宝宝吃辅食的特点

宝宝9～11个月大时，嘴部的肌肉开始发育，舌头不仅可以前后、上下活动，还能左右活动了，一旦遇到无法用舌头和上腭搅碎的食物，宝宝会将其送到嘴巴的左右两侧，用牙龈嚼碎之后，再吞咽下去。所以妈妈可以为宝宝选择一些能用牙床磨碎的食物，促进咀嚼肌发育和牙齿的萌出。

2　9～11个月宝宝每日营养需求

能量	蛋白质	脂肪	烟酸	叶酸
397 千焦 / 千克体重（非母乳喂养加 20%）	1.5～3 克 / 千克体重	占总能量的 35%～40%	3 毫克烟酸当量	80 微克叶酸当量
维生素 A	维生素 B_1	维生素 B_2	维生素 B_6	维生素 B_{12}
400 微克视黄醇当量	0.3 毫克	0.5 毫克	0.3 毫克	0.5 微克
维生素 C	维生素 D	维生素 E	钙	铁
50 毫克	10 微克	3 毫克 α–生育酚当量	500 毫克	10 毫克
锌	硒	镁	磷	碘
8 毫克	20 微克	70 毫克	300 毫克	50 微克

3　让宝宝学习吃辅食，准备断奶

　　宝宝越长越大了，随着牙齿萌出数量的增多和体格、智能的发展，开始尝试着自己吃越来越多的辅食，其中，10个月的宝宝牙齿一般已经长出了4～6颗，上边4颗切齿，下边2颗切齿，在宝宝练习用牙龈咀嚼食物的同时，妈妈可以借机准备给宝宝断奶了，使他逐渐过渡到母乳和配方乳提供少半，辅食提供多半营养的阶段。

母乳比例小于辅食，学习自己吃辅食

　　在这一时期，给宝宝喂辅食的次数会在原来每天2次的基础上，再增加1次。不过，在宝宝习惯每天吃3次辅食之前，妈妈应尽量减少其中一餐的辅食分量，按照两次半的分量喂食，同时减少喂奶的次数，等宝宝慢慢习惯这种饮食模式之后，就可以基本断奶了。

妈妈经验谈：细嚼期宝宝这样喂

宝宝的牙齿萌出越来越多，进入细嚼期，能吃的辅食也越来越多了。不过，这一时期宝宝用牙龈嚼碎食物的力量还在逐渐发展，因此妈妈提供辅食时一定要把握好硬度。让宝宝学习自己吃辅食是这个时期的主要目的。

1 喂食时间分配

宝宝9～11个月，可以将每天2餐的辅食添加至每天3餐，用餐时间可逐渐向成人的用餐时间靠拢。

9～10个月宝宝饮食时间表（1天3顿辅食）

6:00	10:00	12:00	14:00	18:00	22:00

这个时期的营养

母乳与配方乳
35%～40%

60%～65%
辅食

11个月宝宝饮食时间表（1天3顿辅食）

7:30	10:00	12:30	15:00	18:30	22:00

这个时期的营养

母乳与配方乳
30%

70%
辅食

 母乳或配方乳　　 辅食　　 果汁　　 点心

096

2　可接受的食物软硬度

　　宝宝长到9~11个月，所吃的辅食可以从半固体形态过渡到固体形态了，最好提供一些比蠕嚼期稍硬一点、大一些的食物，食物硬度以宝宝能用牙龈嚼碎为原则，如果妈妈不好掌握的话，只要将食物软硬度以香蕉为标准即可。

碳水化合物	维生素、矿物质	蛋白质
大米	西红柿	豆腐
红薯	菠菜	蛋黄

3　宝宝吃辅食的状况

喜欢用手抓食物吃

　　宝宝长到这一时期，喜欢用手抓食物往嘴里送，妈妈可以多制作一些方便宝宝用手抓着吃且不会四处散乱的辅食，如焯熟的蔬菜和迷你饭团等。

会用两手抱着水瓶喝水

　　妈妈可以先让宝宝练习拿小酒杯等，再练习拿普通大小的水瓶喝水。训练这个技能可以方便以后中止给宝宝喂奶，以达到更好的断奶效果。

喜欢有口感的磨牙食物

　　随着宝宝的牙齿越长越多，他也会越来越喜欢有口感的磨牙食物，像小米蕉、婴儿饼干、小块红薯、全麦面包、水果片等，都可以给他尝试。

4 喂养小秘籍

9～11个月的宝宝处于细嚼期，妈妈在喂养时应将重点放在固体辅食上，为宝宝提供稍硬的食物，同时培养宝宝良好的饮食习惯，为孩子以后自己吃饭做好准备。

制定营养均衡的宝宝食谱

宝宝越长越大，消化功能大大增强，能吃的食物种类也日益丰富，而且逐渐过渡到了一天吃3顿辅食，妈妈在为宝宝制作和提供辅食时，应注重营养均衡，尽可能为他提供包括肉类、蛋类、鱼类、新鲜水果和蔬菜以及谷物等多种食材在内的食谱。全面营养素的供给能让宝宝的生长发育更快速，也更健康。

可以再次尝试会过敏的食材

在宝宝不足9个月之前，由于消化道黏膜保护功能和免疫系统发育不成熟，可能会对某些食物中的蛋白质产生过敏反应，等长到9～11个月，此种类型的过敏反应可逐渐消失，因此，10个月之前吃了会过敏的食材，此时可以再让宝宝尝试看看。据统计，花生、牛奶、鸡蛋、面粉、黄豆、坚果、鱼以及贝壳类动物是易导致宝宝食物过敏的8种食材。如果宝宝吃了某些食物依然产生了严重的食物过敏反应，立即带他到医院就医，不要耽误病情。

改变食物的外观

随着宝宝辅食种类的增多，大多数宝宝可能会出现挑食、偏食等现象，此时妈妈一定要及时纠正，可以通过改变食物的外观，引起宝宝吃某些辅食的兴趣，例如，将辅食切成小丁状，摆出可爱的小熊、小兔子造型，或将做好的食物添加适量可食用的装饰物等。另外，爸爸妈妈的示范作用也可以让宝宝有兴趣尝试不爱吃的食物，减少挑食。

辅食可以添加少许油和盐

这一阶段的宝宝肠胃系统功能发育比之前完善了许多，妈妈在准备和制作辅食时，可以给宝宝添加少许食用油和盐了，让宝宝吃得更加津津有味，但是要注意千万不能加太多，一点点就足够，以免增加宝宝消化系统的负担，身体无法及时排出多余的调料，影响发育。

慢慢调整宝宝用餐的时间

这个时期的宝宝，辅食次数由原来的一天喂2次，逐渐过渡到一日三餐，吃早饭、午饭和晚饭的时间马上就可以和大人同步了，为了不打乱建立起来的生活节奏，妈妈应慢慢调整宝宝用餐的时间，使他逐渐适应这一饮食规律，可以让宝宝和爸爸妈妈同桌进餐，培养他吃饭的意识和能力，还能提高宝宝的食欲，增添吃饭的乐趣。

让宝宝自己练习吃饭

宝宝长到9～11个月时，妈妈可以让他自己练习吃饭，无论是用手抓，还是自己使用儿童餐具，都能锻炼他用眼睛确认食物、用手抓取食物、将食物送入嘴中的运动协调能力，此外，咀嚼能力也可以得到进一步的锻炼，还能增加他对辅食的兴趣。

宝宝用手抓时别一味斥责

宝宝的动手能力和咀嚼吞咽能力加强之后，喜欢用手抓食物吃，如果不让他抓，他还会哭闹。妈妈要尊重宝宝想自己吃的积极性，不要一味斥责宝宝，可以多制作一些条块状食物，方便宝宝抓取，且不易散乱，此外，还可以采取一些应对脏乱的对策，如预先在地板上铺一张纸等。

纠正宝宝边吃边玩的坏习惯

宝宝开始咿呀学语了，变得比之前更加活泼好动，吃饭时难免会养成边吃边玩的坏习惯，妈妈需及时纠正，切不可放任宝宝养成不良饮食习惯，可以给他示范吃饭要专心，也可以让宝宝和大人一起用餐，吃饭时尽量少说话。

白菜焖面糊

【营养功效】小白菜能补充宝宝身体发育所需的营养，有助于增强机体免疫力，也是防治维生素 D 缺乏症的理想蔬菜。

原料

小白菜60克，泡软的面条150克，鸡汤220毫升

调料

盐、生抽各少许

烹饪技巧

面条不要切得太短，以免宝宝不需要咀嚼面条而直接吞咽面条。

做法

1 将洗净的小白菜切碎,剁成粒,装入小碟中,备用。

2 把泡软的面条切成段,备用。

3 汤锅置于火上,倒入鸡汤,煮2分钟至汤汁沸腾,下入面条,用勺子搅散,煮1分钟至其七成熟。

4 调成小火,将小白菜倒入锅中。

5 转大火,放入盐、生抽,拌煮1分钟至食材熟透、入味。

6 把煮好的面条盛出,装入汤碗即可。

扫一扫二维码
视频同步学美味

肉末碎面条

【营养功效】肉末搭配面条，能改善宝宝营养不良的状况，促进营养均衡，还有健脑和增强记忆力的作用。

原料

肉末50克，上海青、胡萝卜各适量，水发面条120克，葱花少许

调料

盐2克，食用油适量

烹饪技巧

面条切段时，最好选择没有水的案板，以免沾水后黏在一起，不容易煮熟。

扫一扫二维码
视频同步学美味

做法

1 将去皮洗净的胡萝卜切成粒；洗好的上海青切粗丝，再切成粒；面条切成小段。

2 把切好的食材分别装在盘中，待用。

3 用油起锅，倒入肉末，炒至其松散、变色，下入胡萝卜粒、上海青，翻炒几下。

4 注入适量清水，翻动食材，使其均匀地散开，再加入盐，拌匀调味，用大火煮片刻。

5 待汤汁沸腾后下入切好的面条，转中火煮至全部食材熟透。

6 关火后盛出煮好的面条，装在碗中，撒上葱花即成。

菠菜拌鱼肉

【**营养功效**】草鱼肉嫩而不腻，富含多种营养素，可以开胃、滋补，还有增强体质的作用。

原料

菠菜70克，草鱼肉80克

调料

盐少许，食用油适量

烹饪技巧

为方便宝宝食用，草鱼肉蒸熟后，需仔细剔除其中的鱼刺。

做法

1 汤锅中注入适量清水，用大火烧开，放入菠菜，煮 4 分钟至菠菜熟。

2 把煮熟的菠菜捞出，装盘备用。

3 将装有鱼肉的盘子放入烧开的蒸锅中，盖上盖，用大火蒸 10 分钟至熟。

4 揭盖，把蒸熟的鱼肉取出，用刀把鱼肉压烂，剁碎。

5 将菠菜切碎，备用。

6 用油起锅，倒入备好的鱼肉、菠菜，放入少许盐，拌炒均匀，炒出香味，关火后盛出即可。

扫一扫二维码
视频同步学美味

核桃仁粥

【营养功效】核桃中所含的锌和锰是脑垂体的重要成分，给宝宝食用核桃有益于大脑的营养补充。

原料

核桃仁10克，大米350克

烹饪技巧

把剥好的核桃放入热水中浸泡一会儿，再拿出来就能轻松去掉核桃皮了。

扫一扫二维码
视频同步学美味

做法

1　将核桃仁切碎，备用。

2　砂锅中注入适量清水烧热，倒入洗好的大米，拌匀。

3　盖上盖，用大火煮开后转小火煮 40 分钟至大米熟软。

4　揭盖，倒入切碎的核桃仁，拌匀，略煮片刻。

5　关火后盛出煮好的粥，装入碗中。

6　待稍微放凉后即可食用。

胡萝卜豆腐泥

【营养功效】本品中胡萝卜和豆腐都是易消化的食材，与鸡蛋搭配，可促进宝宝生长发育，保护骨骼和牙齿。

原料

蒸熟的胡萝卜少许，豆腐适量，蛋黄1个

烹饪技巧

此道辅食中可适量加入一些肉类，搭配食用能丰富辅食的口味。

做法

1 将蒸熟的胡萝卜放入捣碎器中，捣成泥，装入碗中备用。

2 将豆腐放入捣碎器中，捣成泥。

3 将胡萝卜泥倒入豆腐泥中，用汤匙搅拌均匀。

4 奶锅中注入适量清水，开小火，将胡萝卜豆腐泥放入锅中，拌匀。

5 待水分煮干之后，把蛋黄搅匀后倒入锅中，搅匀至呈浓稠状态，关火后盛出即可。

扫一扫二维码
视频同步学美味

苹果泥

【营养功效】苹果具有促进生长发育、增强记忆力、健脾益胃等功效，宝宝可经常食用。

原料

苹果120克

烹饪技巧

蒸苹果的时候要注意不要将苹果蒸得太软，只要硬度与香蕉相似就不要再蒸了。

做法

1 将洗净的苹果削去表皮，待用。

2 将去皮的苹果对半切开，去除果核，再将果肉切成小丁块，放入蒸盘中，备用。

3 取干净的蒸锅，注入适量清水，大火烧开，放入装有苹果的蒸盘，盖上盖。

4 将苹果蒸至熟软后，取出蒸盘，装入备好的碗中。

5 待稍微放凉后即可给宝宝食用。

土豆起司泥

【营养功效】土豆跟奶酪搭配食用，既可以快速补充蛋白质和脂肪，也可以使土豆本身的口感变得更香甜，可改善宝宝食欲。

原料

丝瓜70克，土豆85克，胡萝卜65克，儿童奶酪25克

烹饪技巧

土豆、胡萝卜切丝的时候不要太细，以免最后切出的小丁块太小，经过烹饪后直接成糊。

做法

1 洗净去皮的土豆切片，切丝，再切粒；洗净去皮的丝瓜去芯，切丝，再切丁；洗净去皮的胡萝卜切片，切丝，再切丁，待用。

2 奶锅中注入适量的清水，大火烧开，倒入土豆、胡萝卜，大火煮开。

3 撇去浮沫，拌匀，煮至食材熟烂，倒入丝瓜，边煮边按压。

4 倒入奶酪，搅拌片刻使奶酪充分融化。

5 关火后盛出即可。

猪肝瘦肉泥

【营养功效】猪瘦肉和猪肝搭配有利于改善宝宝贫血，促进骨骼发育。

原料

猪肝45克，猪瘦肉60克

调料

盐少许

烹饪技巧

给宝宝做辅食的猪肉一定要挑选肉质细腻紧实、弹而不柴的，这样宝宝才好咀嚼。

扫一扫二维码
视频同步学美味

做法

1　洗好的猪瘦肉切薄片，剁成肉末，备用；处理干净的猪肝切成薄片，剁碎，待用。

2　取一个干净的蒸碗，注入少许清水，倒入切好的猪肝、瘦肉，加入少许盐。

3　将蒸碗放入烧开的蒸锅中。

4　盖上锅盖，用中火蒸约15分钟至其熟透。

5　揭开锅盖，取出蒸碗，搅拌几下，使肉粒松散。

6　另取一个小碗，倒入蒸好的瘦肉猪肝泥即可。

炖鱼泥

虾仁豆腐泥

炖鱼泥

【营养功效】胡萝卜和草鱼肉搭配，既可以开胃，又能帮助宝宝消化。

扫一扫二维码
视频同步学美味

原料

草鱼肉80克，胡萝卜70克，高汤200毫升，葱花少许

调料

盐少许，水淀粉、食用油各适量

做法

1　将洗净的胡萝卜切成片；洗好的草鱼肉切成片，装入碗中，倒入适量高汤。

2　烧开蒸锅，放入鱼肉，再放入胡萝卜，盖上盖，用中火蒸10分钟至熟。

3　揭盖，取出蒸好的鱼肉、胡萝卜，把鱼肉压碎，剁成肉末，将胡萝卜切碎，剁成末。

4　用油起锅，倒入适量高汤和蒸鱼留下的鱼汤，放入鱼肉、胡萝卜，加少许盐，拌匀调味，倒入适量水淀粉，用锅勺搅拌均匀，煮沸，将锅中材料盛出，装入碗中。

5　放入少许胡萝卜末，撒上葱花即成。

虾仁豆腐泥

【营养功效】虾仁的蛋白质含量极高，有助于宝宝生长发育和牙齿生长，与豆腐同食还可提高记忆力。

扫一扫二维码
视频同步学美味

原料

虾仁45克，豆腐180克，胡萝卜50克，高汤200毫升

调料

盐2克

做法

1　将洗净的胡萝卜切片，再切成丝，改切成粒；把洗好的豆腐压烂，剁碎；用牙签挑去虾仁的虾线，用刀把虾仁压烂，剁成末。

2　锅中倒入适量高汤，放入胡萝卜粒，盖上盖，烧开后用小火煮至胡萝卜熟透。

3　揭盖，放入适量盐，下入豆腐，搅匀煮沸，倒入准备好的虾肉末，搅拌均匀，煮片刻，装入碗中即可。

土豆饭

【营养功效】土豆和大米做成土豆饭，能为宝宝大量活动提供所需的热量，也较容易消化。

原料

水发大米150克，土豆250克

调料

盐、食用油各适量

烹饪技巧

为了让土豆与米饭的软硬度适合9～11个月的宝宝，可以先煮土豆再煮饭。

做法

1 洗净去皮的土豆切成片，切成条，切小丁。

2 热锅注油烧热，倒入土豆，翻炒片刻，注入适量的清水，加入大米、盐，搅拌匀。

3 盖上锅盖，煮开后转小火煮15分钟。

4 揭开锅盖，沿锅边注入适量食用油。

5 盖上锅盖，小火续焖5分钟。

6 揭开锅盖，搅拌片刻。

7 关火，将煮好的饭盛入碗中即可。

扫一扫二维码
视频同步学美味

明太鱼香菇粥

【营养功效】香菇与大米、鱼肉搭配口感非常好，还可以为宝宝提供均衡的营养，促进宝宝生长。

原料

水发大米170克，明太鱼90克，鲜香菇55克

烹饪技巧

明太鱼的鱼骨要去干净；煮粥时可多搅拌一下，不仅不易糊锅，还会使口感更好。

扫一扫二维码
视频同步学美味

做法

1　处理好的明太鱼去骨取肉，将鱼肉切条，再切碎。

2　洗净去蒂的香菇横刀切开，切细条，再切小粒，待用。

3　锅中注入适量的清水，大火烧开，倒入泡发好的大米，放入香菇、明太鱼，拌匀。

4　盖上锅盖，大火煮开后转小火煮30分钟。

5　掀开锅盖，搅拌片刻。

6　关火后将煮好的粥盛出，装入碗中即可。

菠菜泡饭

【营养功效】米饭和菠菜搭配，好吃又营养，宝宝常食还能预防便秘。

原料

冷米饭200克，菠菜140克，高汤200毫升

调料

盐、鸡粉各3克

烹饪技巧

菠菜不要切得太碎，以免宝宝不经过咀嚼而直接吞咽，不能锻炼其咀嚼能力。

做法

1 将菠菜择好，用流动的自来水清洗干净。

2 将洗净的菠菜切碎，待用。

3 取一个干净的锅，加热，倒入备好的高汤，大火煮至微沸。

4 往锅中倒入备好的米饭，用勺子压散，待锅中煮开后放入切好的菠菜碎，撒上少量盐、鸡粉，充分拌匀入味。

5 关火后将泡饭盛入碗中即可。

扫一扫二维码
视频同步学美味

洋菇牛肉饭

【营养功效】本辅食富含蛋白质、维生素 D 等营养物质，宝宝食用能增强免疫力，为身体储存能量。

原料

水发大米80克，牛肉65克，胡萝卜45克，口蘑30克

调料

食用油、盐各适量

烹饪技巧

给宝宝制作这款米饭时，可用高汤代替清水，味道会更佳。

扫一扫二维码
视频同步学美味

做法

1 洗净的口蘑切粒；洗净去皮的胡萝卜切粒；处理好的牛肉切厚片，切条，切粒，待用。

2 热锅注油烧热，倒入牛肉，翻炒至转色，倒入泡发好的大米，快速翻炒成半透明状，加入口蘑、胡萝卜，翻炒均匀，盛入砂锅内。

3 砂锅置于灶上，注入适量的清水，大火煮沸，再撇去汤面上的浮沫，盖上锅盖，转小火焖20分钟至熟透。

4 掀开锅盖，加入盐，调味。

5 将焖好的饭盛出，装入碗中即可。

乳酪香蕉羹

生滚鱼片粥

乳酪香蕉羹

扫一扫二维码
视频同步学美味

【营养功效】本品食材丰富，都是常用的高营养辅食添加材料，对宝宝适应多种食物、减少对母乳的依赖有利。

原料

奶酪20克，熟鸡蛋1个，香蕉1根，胡萝卜45克，牛奶180毫升

做法

1　将洗净的胡萝卜切片，再切成条，改切成粒；将香蕉去皮，用刀把果肉压烂，剁成泥状。

2　熟鸡蛋去壳，取出蛋黄，用刀把蛋黄压碎。

3　汤锅中注水烧热，倒入切好的胡萝卜，盖上盖，烧开后用小火煮 5 分钟至其熟透；揭盖，把煮熟的胡萝卜捞出，用刀把胡萝卜切碎，剁成末。

4　汤锅中注水烧开，加入奶酪、牛奶，用小火煮约 1 分钟至沸，倒入香蕉泥、胡萝卜，拌匀煮沸，倒入鸡蛋黄，拌匀，盛出煮好的汤羹，装入碗中即可。

生滚鱼片粥

扫一扫二维码
视频同步学美味

【营养功效】本辅食可为宝宝补充一些水分和优质蛋白质，让宝宝在减少母乳摄取后也能获得足够的营养。

原料

生菜、鱼片各50克，水发大米100克，葱花3克，姜片2片

调料

盐、鸡粉各2克，食用油适量

做法

1　择洗好的生菜切成小段；鱼片装入碗中，放入盐、姜片、鸡粉、食用油，拌匀，腌渍半小时。

2　备好电饭锅，倒入泡发好的大米，注入适量的清水，盖上盖，煲煮 2 小时。

3　打开锅盖，依次加入生菜、鱼片，搅拌均匀，盖上盖，再焖 5 分钟。

4　打开锅盖，加入备好的葱花，搅拌片刻，将煮好的粥盛入碗中即可。

鸡肝土豆粥

【营养功效】鸡肝口感细腻、易入味，常食可以保护宝宝的视力，与土豆搭配更利于宝宝消化吸收。

原料

米碎、土豆各80克，净鸡肝70克

调料

盐少许

烹饪技巧

先在碗中刷上一层油再放入食材，这样蒸熟的食材才不会粘在碗内。

做法

1. 将去皮洗净的土豆切片，再切成小块。

2. 蒸锅上火烧沸，放入装有土豆块和鸡肝的蒸盘，盖上盖，用中火蒸约15分钟至食材熟透；揭盖，取出蒸好的食材，放凉后压成泥，待用。

3. 汤锅中注入适量清水烧热，倒入米碎，搅拌几下，用小火煮约4分钟，至米粒呈糊状。

4. 倒入土豆泥，放入鸡肝泥，拌匀，续煮片刻至沸。

5. 调入盐，拌煮至入味，关火后盛出即可。

扫一扫二维码
视频同步学美味

蔬菜三文鱼粥

【营养功效】三文鱼含有对脑部发育必不可少的物质，能增强脑功能，适合处于快速发育期的宝宝食用。

原料

三文鱼120克，胡萝卜50克，芹菜20克

调料

盐2克，水淀粉3克

烹饪技巧

可先将芹菜和胡萝卜丁焯至断生，再加入熟透的大米中煮5分钟，既节省时间又能使食材的软硬度适合宝宝食用。

做法

1　将洗净的芹菜切成粒；将去皮洗好的胡萝卜切厚片，切条，改切成粒。

2　将洗好的三文鱼切成片，装入碗中，放入少许盐、水淀粉，拌匀，腌渍15分钟至入味。

3　砂锅注入适量清水，大火烧开，倒入水发大米，搅拌匀。

4　加盖，慢火煲30分钟至大米熟透。

5　揭盖，倒入切好的胡萝卜粒。

6　加盖，慢火煮5分钟至食材熟烂。

7　揭盖，加入三文鱼、芹菜，拌匀煮沸，加适量盐，拌匀调味。

8　把煮好的粥盛出，装入汤碗中即可。

鳕鱼南瓜蒸鸡蛋

鱼松粥

鳕鱼南瓜蒸鸡蛋

【营养功效】将鳕鱼、鸡蛋和南瓜混合在一起，味道香甜可口，制成泥也很好吞咽，可改善宝宝的食欲。

原料

鳕鱼100克，鸡蛋1个，南瓜150克

调料

盐1克

做法

1   将洗净的南瓜切成片；鸡蛋打入碗中，打散调匀。

2   烧开蒸锅，放入南瓜、鳕鱼，用中火蒸 15 分钟至熟，把蒸熟的南瓜、鳕鱼取出，用刀把鳕鱼压烂，剁成泥状，把南瓜压烂，剁成泥状。

3   在蛋液中加入南瓜、部分鳕鱼，放入少许盐，搅拌匀，装入另一个碗中，放在烧开的蒸锅内，盖上盖，用小火蒸 8 分钟，取出，再放上剩余的鳕鱼肉即可。

鱼松粥

【营养功效】鲈鱼含有丰富的蛋白质，与胡萝卜泥、上海青碎一起煮粥，可以更好地被吸收，宝宝可安心食用。

扫一扫二维码
视频同步学美味

原料

鲈鱼70克，上海青40克，胡萝卜25克，水发大米120克

调料

盐、生抽、食用油各适量

做法

1   锅中注入适量清水烧开，放入上海青，煮 1 分钟，捞出，剁碎备用。

2   把装好盘的鱼肉、胡萝卜放入烧开的蒸锅，盖上盖，用小火蒸 15 分钟至食材熟透，取出食材；把胡萝卜压烂，剁成泥状，鱼肉去皮，去骨，用刀把鱼肉剁碎。

3   锅中注水烧开，倒入大米，拌匀，用小火煮 30 分钟至大米熟烂，盛出，装入碗中。

4   用油起锅，倒入鱼肉，加盐、生抽，拌炒，加入上海青、胡萝卜，炒匀盛出，放在粥上即可。

红豆山药羹

【营养功效】红豆和山药搭配，不仅利于宝宝消化吸收，还能健脾止泻。

原料

水发红豆150克，山药200克

调料

白糖、水淀粉各适量

烹饪技巧

可以先将红豆用高压锅煮熟，再与山药丁同煮，能节省时间。

做法

1 洗净去皮的山药切粗片，再切成条，改切成丁，备用。

2 砂锅中注入适量清水，倒入洗净的红豆。

3 盖上盖，用大火煮开后转小火煮40分钟。

4 揭盖，放入山药丁。

5 盖上盖，用小火续煮20分钟至食材熟透。

6 揭盖，加入白糖、水淀粉，拌匀。

7 关火后盛出煮好的山药羹，装入碗中即可。

扫一扫二维码
视频同步学美味

蒸豆腐苹果

【营养功效】本辅食口感清淡，质感柔软，可为宝宝提供蛋白质和钙等营养物质。

原料

苹果80克，牛肉70克，豆腐75克

烹饪技巧

豆腐易碎，可以不用炒，待锅中的水煮沸后直接下进锅中即可。

扫一扫二维码
视频同步学美味

做法

1 豆腐横刀切小块；洗净去皮的苹果切开，去核，再切丁。

2 处理好的牛肉切厚片，切条，切粒。

3 炒锅烧热，倒入牛肉，炒至转色，倒入豆腐、苹果，搅拌均匀，注入适量的清水，稍稍搅拌。

4 盖上盖，大火煮至沸腾收汁。

5 掀开盖，将煮好的食材盛出，装入碗中，待用。

6 电蒸锅注水烧开，放入食材，盖上盖，调转旋钮定时10分钟。

7 掀开盖，将食材取出，即可食用。

焗香蕉豆腐

【营养功效】豆腐和奶酪中含有丰富的钙质，可以促进宝宝骨骼生长，搭配香蕉同食，有助于宝宝消化。

原料

香蕉85克，豆腐70克，儿童奶酪25克

烹饪技巧

香蕉丁可以稍微切大一点。此外，香蕉易氧化，所以切好之后尽快烹制，这样口感会更好。

做法

1 香蕉剥去皮，切条，切成丁。

2 备好的豆腐横刀切片，切条，切成小块，用刀面压成泥。

3 奶酪横刀切开，切条，切成小块。

4 取一个碗，倒入豆腐、香蕉、奶酪，待用。

5 备好微波炉，将食材放入，关上箱门，按"2分钟"键，再按"1分钟"键，总计定时3分钟。

6 待时间到，将食材取出即可。

扫一扫二维码
视频同步学美味

酱苹果鸡肉

【营养功效】苹果富含多种矿物质和维生素，与鸡柳一道做菜，营养又开胃，适合9～11个月的宝宝食用。

原料

去皮苹果70克，鸡柳90克

烹饪技巧

烹饪时可根据食材的成熟度来决定煮的时间，不一定要等水分收干再关火。

扫一扫二维码
视频同步学美味

做法

1　洗净去皮的苹果去核，切碎。

2　洗净的鸡柳切丁，待用。

3　锅中注入适量清水烧热，倒入苹果碎，搅匀，倒入鸡肉丁，搅散，拌匀。

4　加盖，用大火煮开后转小火焖约20分钟至水分收干。

5　关火后将焖好的苹果鸡肉装碗即可。

红薯鸡肉沙拉

【营养功效】白薯、红薯和鸡肉搭配，能促进食欲、增强免疫力，此道菜品还能锻炼宝宝的咀嚼能力。

原料

白薯、红心红薯各60克，
鸡胸肉70克

调料

葡萄籽油适量

烹饪技巧

鸡胸肉比较细腻，切好后可以先用生粉腌渍片刻，口感会更好。

做法

1 洗净去皮的白薯切成条，再切成丁。

2 洗净去皮的红心红薯切成条，再切成丁。

3 洗净的鸡胸肉切成条，再切成丁，待用。

4 锅中注入适量的清水大火烧开，倒入白薯丁、红心红薯丁、鸡肉丁，搅拌均匀。

5 盖上锅盖，大火煮 10 分钟至熟。

6 掀开锅盖，淋上少许葡萄籽油，搅拌片刻，使食材入味，将拌好的菜肴盛出即可。

扫一扫二维码
视频同步学美味

玉米苹果羹

【营养功效】苹果含有的胶质和果酸可增进宝宝食欲，而玉米碎中的纤维素则可帮助宝宝排便。

原料

玉米碎50克，西红柿1个，苹果1个

烹饪技巧

切好的苹果泡在水中，既能防止被氧化，又能保持水分。

做法

1 去皮洗净的苹果切开，去核，切成小瓣，再切成丁浸于清水中，备用。

2 洗净的西红柿去蒂，切成小块。

3 锅中倒入约800毫升清水，用大火烧开。

4 再放入玉米碎，慢慢搅拌均匀。

5 盖上锅盖，煮沸后转小火煮20分钟至玉米碎熟透。

6 揭开盖，搅拌几下，倒入切好的苹果、西红柿，拌匀，续煮片刻。

7 盛出煮好的玉米苹果羹，放入碗中即成。

花菜汤

【营养功效】花菜汤具有清热解渴、增强免疫力的功效，宝宝常食，还能预防便秘。

原料

花菜160克，骨头汤350
毫升

烹饪技巧

花菜已经焯过水了，所以煮
的时间不要太久，以免影响
菜品的软硬程度，不能锻炼
宝宝的咀嚼能力。

做法

1 锅中注入适量清水烧开，倒入洗好的花菜，搅拌
  匀，用中火煮约5分钟至其断生，捞出，沥干水
  分，放凉待用。

2 将放凉的花菜切碎，备用。

3 锅中注入少许清水烧开，倒入骨头汤，煮至沸，
  放入切好的花菜，搅拌均匀。

4 盖上锅盖，烧开后用小火煮约15分钟至其入味。

5 揭开锅盖，搅拌一会儿。

6 关火后盛出煮好的汤料，装入碗中即可。

扫一扫二维码
视频同步学美味

金针菇白菜汤

【营养功效】白菜与金针菇煮汤，将营养融入汤中，有很好的补充能量和增强免疫力的功效。

原料

白菜心55克，金针菇60克，淀粉20克

调料

芝麻油少许

烹饪技巧

水淀粉最好边倒边搅拌，能更好地使食材混合均匀。

扫一扫二维码
视频同步学美味

做法

1　洗好的白菜心切丝，再细细切碎；洗净的金针菇切成小段，待用。

2　往淀粉中加入适量的清水，搅拌均匀，即成水淀粉，待用。

3　奶锅注入适量清水烧开，倒入白菜心、金针菇，搅拌片刻，持续加热，煮至汤汁减半。

4　倒入水淀粉，搅拌至汤汁浓稠，淋上少许芝麻油，搅拌匀。

5　关火后将煮好的汤盛出，装入碗中即可。

127

128

鳕鱼土豆汤

扫一扫二维码
视频同步学美味

【营养功效】鳕鱼与土豆、胡萝卜、豌豆煮汤，味道鲜美，营养丰富又养胃。

原料

鳕鱼肉150克，土豆75克，胡萝卜60克，

豌豆45克，肉汤1000毫升

调料

盐2克

做法

1 锅中注入适量清水烧开，倒入洗净的豌豆，煮约 2 分钟，捞出，沥干水分，装入盘中，放凉，切开，待用。

2 把洗净的胡萝卜切成小丁块；洗净去皮的土豆切成小丁块；洗好的鳕鱼肉去除鱼骨、鱼皮，再把鱼肉碾碎，剁成细末，备用。

3 锅置于火上烧热，倒入肉汤，用大火煮沸，倒入备好的胡萝卜、土豆、豌豆，放入鳕鱼肉，用中火煮约 3 分钟，至食材熟透，加入少许盐，拌匀，煮至入味，关火后盛出煮好的土豆汤即可。

西蓝花浓汤

扫一扫二维码
视频同步学美味

【营养功效】西蓝花、土豆等高营养蔬菜，搭配奶酪做菜，宝宝常食有促进消化、增强食欲的作用。

原料

土豆90克，西蓝花55克，面包45克，奶酪40克

调料

盐少许，食用油适量

做法

1 将焯过水的西蓝花切碎，取奶酪制成奶酪泥，面包切成丁，去皮洗净的土豆切成小丁块。

2 炒锅中注油烧热，倒入面包，用中小火炸片刻，待面包呈微黄色捞出，待用。

3 锅底留油，倒入土豆丁，翻炒匀，注入水，煮至土豆熟软，加入盐，拌匀，盛入碗中，倒入西蓝花，放入奶酪泥，混合均匀，将混合好的食材倒入榨汁机中，制成浓汤，倒入碗中，撒上炸好的面包即成。

　　我已经长大了，有了自己的餐椅、自己的小碗，不过我还是喜欢吃手抓饭。牛奶什么的，就拿来加餐吧！

6

Chapter

咀嚼期：

我已经长大了，
可以做个小小美食家了!

　　宝宝的咀嚼能力和消化能力都有了明显的提高，越来越适应辅食，而且能自己学着吃饭了，断奶工作也进入尾声。这时，妈妈最需要做的就是给宝宝准备品种更为丰富、花样更多、营养更为全面的食物，让宝宝爱上吃饭，并能从饮食中摄取均衡全面的营养，长得更高、更壮、更聪明。

12 ~ 18 个月：淘气宝宝的吃喝盛宴

宝宝长到12~18个月，进入自由咀嚼期，其嚼碎食物的能力变得越来越强，妈妈可以让宝宝尝试各种硬度和多种口感的食物，开启吃喝盛宴了。这既能锻炼宝宝的咀嚼能力，又可以满足身体不断增长所需的多种营养需求。

1 12 ~ 18 个月宝宝的生理特点

发育指标		12 个月	13 ~ 18 个月
体重 （千克）	男宝宝	8.2 ~ 12.1	9.1 ~ 13.9
	女宝宝	7.7 ~ 11.7	8.5 ~ 13.1
身长 （厘米）	男宝宝	72.2 ~ 82.5	76.3 ~ 88.5
	女宝宝	70.6 ~ 81.2	74.8 ~ 87.1
头围 （厘米）	男宝宝	44.0 ~ 49.0	44.2 ~ 50.0
	女宝宝	43.0 ~ 46.1	43.3 ~ 48.8
胸围 （厘米）	男宝宝	42.7 ~ 51.1	43.1 ~ 51.8
	女宝宝	42.0 ~ 49.5	42.1 ~ 50.7

宝宝的身体特点

→ 开始蹒跚学步

→ 舌头能自由活动

→ 嘴部肌肉发达

→ 1岁左右，上下颌前牙逐渐长齐

宝宝吃辅食的特点

虽然宝宝的嘴巴已经像大人一样可以自由活动了，但是其咀嚼能力还远远不够，这个时期，应让宝宝掌握通过改变咀嚼方法吃下不同形状和口感的食物的方法，可以将各种各样的食材用于辅食制作中，同时让宝宝逐渐适应一日三餐的饮食习惯，为彻底断奶打下良好的基础。

2　12 ~ 18 个月宝宝每日营养需求

能量	蛋白质	脂肪	烟酸	叶酸
438 千焦 / 千克体重（非母乳喂养加 20%）	3.5 克 / 千克体重	占总能量的 35% ~ 40%	6 毫克烟酸当量	150 微克叶酸当量
维生素 A	维生素 B_1	维生素 B_2	维生素 B_6	维生素 B_{12}
400 微克视黄醇当量	0.6 毫克	0.6 毫克	0.5 毫克	0.9 微克
维生素 C	维生素 D	维生素 E	钙	铁
60 毫克	10 微克	4 毫克 α - 生育酚当量	600 毫克	12 毫克
锌	硒	镁	磷	碘
9 毫克	20 微克	100 毫克	450 毫克	50 微克

3　让宝宝爱上辅食，完成断奶

　　宝宝进入咀嚼时期，妈妈可以考虑在增加辅食提供的次数以及数量的同时，为他断母乳了，并适时添加配方乳，辅食逐渐过渡到大人的饮食。完成断奶的标准主要有两个，一是宝宝在吃有形状的食物时，会先用前牙咬断，再用牙龈或槽牙咬碎；二是身体所需要的营养大部分都从饭菜中摄取。总之，如果宝宝每天好好吃3顿饭，可以喝下300 ~ 400毫升用奶粉冲泡的配方乳或鲜牛奶，妈妈便可以基本确认其断奶完成了。

基本完成断奶，

过渡到大人的饮食

　　另外，每个宝宝的个性不一样，既有吃什么都很有食欲的宝宝，也有吃东西很谨慎且进度很慢的宝宝。断奶是一个循序渐进的过程，不能过于心急，只要在1.5岁之前完成即可。

妈妈经验谈：咀嚼期宝宝这样喂

当宝宝的辅食过渡到一日三餐后，喂食时间的分配和之前的细嚼期又有所不同了，宝宝可接受的食物也越来越硬，咀嚼期的宝宝进食量因人而异，不过仍需坚持清淡的饮食原则，锻炼宝宝的咀嚼和口腔调整能力，让宝宝顺利完成断奶。

1 喂食时间分配

宝宝12 ~ 18个月，开始步入幼儿期，对各类营养物质的需求依然很旺盛，因此可以一天喂3顿辅食，辅食的种类逐渐向大人的饮食过渡，各类食材都可以尝试喂宝宝了。

12 个月宝宝饮食时间表（1天 3 顿辅食）

7:30	10:00	12:30	15:00	18:30
🥣	🥛 + 🍪	🥣	🥛 + 🍪	🥣

这个时期的营养

母乳与配方乳 25%

75% 辅食

13 ~ 18 个月宝宝饮食时间表（1天 3 顿辅食）

7:30	10:00	12:30	15:00	18:30
🥣	🥛 + 🍪	🥣	🥛 + 🍪	🥣

这个时期的营养

母乳与配方乳 20%

80% 辅食

 辅食　　🥛 牛奶　　 点心

2 可接受的食物软硬度

宝宝长到12～18个月，具备了一定的咀嚼能力，可以接受一些成形的固体食物，但食物质地还是要以细、软、烂为主。由于不同食物的形状和口感各不相同，为了让宝宝掌握按照食物的硬度、形状改变咀嚼方法的调整能力，妈妈应让宝宝广泛尝试多种食材。

碳水化合物	维生素、矿物质	蛋白质
大米	西红柿	豆腐
红薯	菠菜	蛋黄

3 宝宝吃辅食的状况

饭量变小了一些

宝宝进入幼儿期，生长发育比婴儿期略慢，因此饭量也会稍微变小些，这是正常现象，妈妈不必过于担心，只要宝宝体重增长正常，身体健康就可以了。

开始出现偏食、挑食

随着宝宝的逐渐长大，他的自主意识也会越来越强，开始对食物表现出自己明显的喜好，甚至出现偏食、挑食等现象，妈妈在喂养时要注意纠正这些行为习惯。

喜欢和爸爸妈妈一起吃饭

这个时期的宝宝喜欢和爸爸妈妈在一个餐桌上吃饭，家长应积极营造温馨的进餐氛围，和宝宝一起进食美味的食物，享受一起吃饭的乐趣。

4 喂养小秘籍

宝宝就要基本完成断奶了，喂养任务变得更为重要。虽然宝宝可以尝试更多的味道和不同的食材，但妈妈仍有很多细节需要留心，才能给宝宝更好的喂养和照护。

宝宝可以尝试更多的味道了

随着宝宝牙齿的进一步发育和肠胃系统的完善，妈妈可以尝试给宝宝吃更多种类的食物，调味料也可以适当多一些了，让宝宝尝试更多的味道，并爱上辅食，是最后完成断奶的关键，也是培养宝宝良好的饮食习惯，促进身体健康成长的重要条件。

喝奶仍是每日功课

虽然宝宝基本完成断奶，但这个断奶指的是断母乳，并不代表宝宝不需要喝奶了，乳制品还是应适当食用。特别是当宝宝只是想喝母乳，而体重和食量都不增加时，妈妈应果断给他断奶，同时给他喂一些配方乳或新鲜的牛奶、羊奶等，须知道，此时喂奶仍然是每日功课。

把食物做得好玩一些

好玩的食物不仅能激发宝宝进食的兴趣，还能锻炼他的想象力和创造力。妈妈可以尝试用尽可能多的食材制作宝宝的辅食，也可以使用五颜六色的漂亮餐具装食物给宝宝吃。把宝宝培养成爱吃饭的好孩子，是妈妈的必修课。

给宝宝的零食应少油低糖，方便抓握

有的妈妈担心所提供的辅食无法满足宝宝的日常营养需求，可能会在一日三餐之间给宝宝提供适量零食，此时应注意，给宝宝的零食应坚持少油低糖的原则，因为宝宝年纪尚小，肠胃功能远不如大人完善，如果所吃的零食过于重口，会影响身体的消化吸收和健康成长。另外，宝宝的精细动作进一步发育，能很好地抓握东西了，因此，妈妈最好给宝宝提供方便抓握的零食，如手指饼干、水果干等，锻炼他的手部力量。

少食多餐，宝宝
不积食

宝宝的胃与成年人的胃不同，容量很小，如果一日提供三餐辅食可能无法满足能量需求，而一次吃太多又很容易造成宝宝积食，影响食物的正常吸收和身体健康发育。为此，我们建议妈妈给宝宝采取少食多餐的饮食原则，除了正餐外，可以在上午和下午各增加一次点心，如果早饭吃得较晚，可以只在下午喂一次点心，但要注意种类和数量，最好是不影响吃正餐的清淡的零食，如婴儿饼干等。

挑食、偏食宝宝
应适度管教

宝宝一旦出现挑食、偏食等不良饮食习惯，妈妈要适度管教，及时纠正，以免影响孩子以后的进食情况和身心的全面发展。另外，宝宝不喜欢吃的食物，妈妈可以变换烹调方法，或隔段时间再次喂食，如果宝宝还是不喜欢吃，则可以用同一营养类别的其他食材代替。

给宝宝准备他喜欢
的餐椅、餐具

宝宝可以和大人一样吃饭了，但是餐椅和餐具有一定的讲究，妈妈可以去商场购买专门的儿童餐椅、餐具，买的时候带上宝宝，挑选他喜欢的类型，同时听取商家的意见，综合选购适合宝宝的用具。

营造愉快的
用餐氛围

愉快、轻松的用餐氛围，不仅能促进宝宝的食欲，还能让他感受到家人的关心和爱，对孩子的身心成长大有裨益。为此，爸爸妈妈要营造和谐的家庭环境和良好的用餐氛围。

注意宝宝的牙齿保健

牙齿好胃口才好，这一时期父母应注意做好宝宝的牙齿保健，可以在用餐过后，用纱布巾擦拭宝宝的牙齿，也可以使用专用的乳牙刷，早、晚为宝宝各刷一次牙。

秀珍菇粥

【营养功效】糯米与秀珍菇搭配可以健脾养胃，提高宝宝的免疫力。

原料

秀珍菇45克，糯米粉78克

烹饪技巧

制作过程中请注意不要
将米糊煮得太稠，以免
影响消化，可以适当增
加清水的量。

做法

1 洗净的秀珍菇切丝。

2 秀珍菇再切碎。

3 往糯米粉中注入适量的清水，搅拌匀，待用。

4 奶锅中注入适量的清水，大火烧热。

5 倒入秀珍菇，稍稍搅拌片刻。

6 煮沸后倒入糯米糊，搅拌均匀。

7 再持续搅拌，煮至黏稠。

8 关火后将煮好的食材盛出，装入碗中即可。

扫一扫二维码
视频同步学美味

鸡肝粥

【营养功效】鸡肝煮粥可使营养更好地融入大米粥中，更利于宝宝吸收，口感也更好。

原料

鸡肝200克，水发大米500克，姜丝、葱花各少许

调料

盐1克，生抽5毫升

烹饪技巧

鸡肝熬煮之前先用少许调料适当地腌渍一下，可以使粥品味道更鲜美，鸡肝味道更浓郁。

扫一扫二维码
视频同步学美味

做法

1 洗净的鸡肝切条。

2 砂锅注水，倒入泡好的大米，拌匀。

3 加盖，用大火煮开后转小火续煮40分钟至熟软。

4 揭盖，倒入切好的鸡肝，拌匀，加入姜丝，放入盐、生抽，拌匀。

5 加盖，稍煮5分钟至鸡肝熟透。

6 揭盖，放入葱花，拌匀。

7 关火后盛出煮好的鸡肝粥，装入碗中即可。

虾仁蔬菜稀饭

【营养功效】新鲜的虾仁搭配多种蔬菜，可以为活动量增加的宝宝补充体力，增强免疫力。

原料

虾仁30克，胡萝卜35克，
洋葱40克，秀珍菇55克，
稀饭120克，高汤200毫升

烹饪技巧

虾仁磨碎后可用少许调料
适当腌渍，口感更佳。

做法

1 锅中注入适量清水烧开，倒入洗净的虾仁，拌匀，煮至虾身弯曲，捞出待用。

2 将放凉的虾仁切碎；洗净的洋葱和胡萝卜分别切片，改切成小丁块；洗好的秀珍菇切细丝，备用。

3 砂锅置于火上，淋入少许食用油，倒入洋葱，炒香，放入胡萝卜、虾仁、秀珍菇，炒匀。倒入高汤，加入稀饭，拌匀、炒散。

4 盖上盖，烧开后用小火煮约20分钟至食材熟透。

5 揭盖，搅拌匀至稀饭浓稠，关火后盛出即可。

虾仁西蓝花碎米粥

【营养功效】虾含有丰富的蛋白质，脂肪含量比较低，很适合给宝宝补充营养。

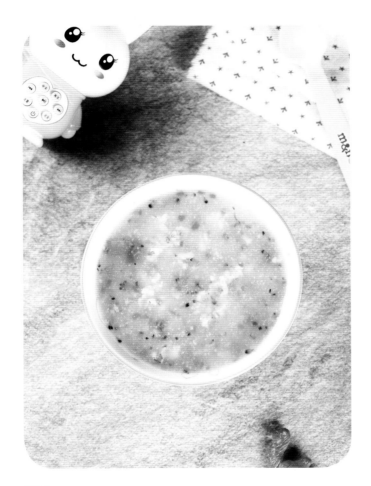

原料

虾仁40克，西蓝花70克，胡萝卜45克，大米65克

调料

盐少许

烹饪技巧

汆西蓝花之前，可以将它放入盐水里浸泡几分钟，能去除残留的农药，更适合宝宝食用。

扫一扫二维码
视频同步学美味

做法

1　胡萝卜切片；虾去虾线，剁成虾泥。

2　锅中注水烧开，汆胡萝卜、西蓝花至断生，沥干备用。

3　把西蓝花、胡萝卜切碎，剁成末。

4　取榨汁机，将大米磨成米碎，倒入碗中，待用。

5　汤锅中注入适量清水，用大火烧热，倒入米碎，用勺子持续搅拌1分钟，煮成米糊，加入虾肉，拌煮一会儿，倒入胡萝卜，拌匀。

6　放入西蓝花，拌匀，煮沸，放入适量盐，快速拌匀，调味，盛出煮好的米粥，装入碗中即可。

水果泥

【营养功效】哈密瓜、西红柿、香蕉做成的水果泥，酸甜可口，颜色可观，可增进宝宝的食欲。

原料

哈密瓜120克，西红柿150克，香蕉70克

烹饪技巧

有条件的可以直接用榨汁机将3种水果打成果泥，口感更细腻，宝宝更爱吃。

做法

1 洗净去皮的哈密瓜去籽，切成小块。

2 哈密瓜剁成末，备用。

3 洗好的西红柿切开，切成小瓣。

4 西红柿剁成末，备用。

5 香蕉去除果皮，把果肉压碎，剁成泥，备用。

6 取一个干净的大碗，倒入西红柿、香蕉。

7 放入哈密瓜，搅拌片刻使其混合均匀。

8 取一个干净的小碗，盛入拌好的水果泥即可。

扫一扫二维码
视频同步学美味

草莓牛奶燕麦粥

【营养功效】牛奶、燕麦等适合宝宝的高营养食物，点缀上红色的草莓，食物既美观又营养，宝宝也更爱吃。

原料

草莓80克，燕麦70克，牛奶100毫升

烹饪技巧

草莓在制作之前可以放在盐水中浸泡几分钟，能去除残留农药，更适合宝宝食用。

做法

1　将草莓洗净。

2　将草莓切成片。

3　锅中注水烧开。

4　锅中放入燕麦，煮沸。

5　倒入牛奶，注意不断地搅拌，以防止燕麦粘锅。

6　牛奶续煮一会儿。

7　加入草莓，盛出煮好的粥即可。

南瓜拌饭

三文鱼蒸饭

南瓜拌饭

【营养功效】南瓜含有丰富的维生素和果胶，是宝宝的理想食物。加入芥菜叶，还可开胃消食。

扫一扫二维码
视频同步学美味

原料	调料
南瓜90克，芥菜叶60克，水发大米150克	盐少许

做法

1　把去皮洗净的南瓜切片，再切成条，改切成粒；洗好的芥菜叶切丝，切成粒。

2　将大米倒入碗中，加入适量清水；把切好的南瓜放入碗中，备用。

3　分别将装有大米、南瓜的碗放入烧开的蒸锅中，用中火蒸 20 分钟至食材熟透。

4　揭盖，把蒸好的大米和南瓜取出，待用。

5　汤锅中注入适量清水烧开，放入芥菜，煮沸，放入蒸好的南瓜、大米，搅拌均匀，加入适量盐，用锅勺拌匀调味，装入碗中即成。

三文鱼蒸饭

【营养功效】三文鱼肉质细嫩，口感爽滑，颜色鲜艳，还富含DHA，可促进宝宝智力发育。

扫一扫二维码
视频同步学美味

原料	调料
水发大米150克，金针菇、三文鱼各50克，葱花、枸杞各少许	盐3克，生抽适量

做法

1　金针菇切去根部，切成小段；三文鱼切丁，加盐拌匀，腌渍片刻。

2　取一碗，倒入大米，注入适量清水，加入生抽、三文鱼肉，放入金针菇，拌匀。

3　蒸锅中注入适量清水烧开，放上碗，加盖，中火蒸 40 分钟至熟；揭盖，取出蒸好的饭，撒上葱花，放上枸杞即可。

肉末茄泥

【营养功效】茄子含有蛋白质、脂肪、碳水化合物、维生素以及钙、磷、铁等多种营养成分，适合本阶段的宝宝食用。

原料

肉末90克，茄子120克，上海青少许

调料

盐少许，生抽、食用油各适量

烹饪技巧

要选用深紫色、有光泽、柄末干枯的新鲜茄子。

做法

1 将洗净的茄子去皮，切成段，再切成条。

2 洗好的上海青切丝，再切成粒。

3 把茄子放入烧开的蒸锅中，盖上盖子，用中火蒸15分钟至熟，取出，放凉。

4 将茄子放在砧板上，压烂，剁成泥。

5 用油起锅，倒入肉末，翻炒至松散、转色，放入生抽，炒匀、炒香，再放入上海青，炒匀。

6 把茄子泥倒入锅中，加入少许盐，翻炒均匀，盛出即可。

扫一扫二维码
视频同步学美味

胡萝卜苹果炒饭

【营养功效】胡萝卜中的胡萝卜素能转化为维生素 A，对宝宝视力发育大有好处，还能促进宝宝骨骼发育。

原料

凉米饭230克，胡萝卜60克，苹果90克，葱花、蒜末各少许

调料

盐、鸡粉各2克，食用油适量

烹饪技巧

苹果可以切得小一点；苹果切好后，为了防止其变色，可以放在盐水中浸泡待用。

扫一扫二维码
视频同步学美味

做法

1 将洗净去皮的苹果切瓣，去核，切片，切小块。

2 洗净去皮的胡萝卜切片，切条，改切丁。

3 用油起锅，倒入胡萝卜，加入蒜末，炒香，倒入米饭，翻炒松散，放入盐、鸡粉，炒匀，倒入葱花，加入苹果，炒匀。

4 将炒好的米饭盛出，装盘即可。

黑芝麻豆奶面

菠菜小银鱼面

黑芝麻豆奶面

【营养功效】黑芝麻跟豆奶融合，香味四溢，可以提高宝宝的食欲，而且芝麻富含油脂，可以改善宝宝便秘。

原料

面条120克，豆奶150毫升，水发芸豆70克，黑芝麻30克

做法

1　锅中注入适量清水大火烧开，倒入泡发好的芸豆，大火煮开后转小火煮 10 分钟，捞出，沥干，放凉。

2　另起锅注水烧开，倒入面条，搅拌片刻，煮至熟，捞出，沥干水分，装碗待用。

3　备好榨汁机，倒入放凉的芸豆、备好的黑芝麻、豆奶。

4　盖上盖，启动机子开始榨汁，将食材打碎。

5　揭开盖，将榨好的豆汁倒入面条中，拌匀即可。

菠菜小银鱼面

扫一扫二维码
视频同步学美味

【营养功效】菠菜和鸡蛋搭配，再加上银鱼干，可以增添食物的风味，又能防止宝宝便秘，还能为宝宝补铁。

原料

菠菜60克，鸡蛋1个，面条100克，水发银鱼干20克

调料

盐2克，鸡粉少许，食用油4毫升

做法

1　将鸡蛋制成蛋液，菠菜切成段，备好的面条折成小段。

2　锅中注水烧开，放入许食用油，加入盐、鸡粉、银鱼干，煮沸后倒入面条。

3　盖上盖子，用中小火煮约 4 分钟，至面条熟软。

4　取下盖子，搅拌几下，倒入菠菜，搅匀，再煮片刻至面汤沸腾，倒入蛋液，续煮片刻至液面浮现蛋花，关火后盛出即成。

豆浆猪猪包

【营养功效】面粉是用小麦磨制而成，其所含的氨基酸是调节人体代谢平衡、促进宝宝生长发育的重要营养物质。

原料

面粉245克，豆浆80毫升，红曲粉3克，酵母粉5克

烹饪技巧

给面团发酵时，可将其放置在温暖的地方，能有效缩短发酵时间。

做法

1 取一个碗，倒入 200 克面粉、酵母粉，一边倒入豆浆一边搅拌；将面粉倒在平板上，揉成面团，装碗，用保鲜膜封住碗口，静置 15 分钟。

2 取出面团，撒上适量面粉，揉匀。

3 取适量面团，加入红曲粉，揉成红面团，将剩下的面团分成两个，做成两个猪身；红面团捏成猪眼睛、猪鼻子、猪耳朵，分别安在猪身上。

4 往盘中撒上适量面粉，放入猪猪包的生坯，转入电蒸锅中蒸 15 分钟，取出即可。

扫一扫二维码
视频同步学美味

焦香牛奶小馒头

【营养功效】 牛奶中富含蛋白质、铁、钙等营养素，适合宝宝食用。煎馒头也能很好地锻炼宝宝的咀嚼能力。

原料

馒头120克，牛奶120毫升

烹饪技巧

煎馒头的时候要视自己家中火力大小来调整火候，火力太大的话只需要用中小火煎即可。

扫一扫二维码
视频同步学美味

做法

1　馒头切厚片，切粗条，再切小方块。

2　将切好的馒头装碗，倒入牛奶。

3　拌匀，静置一会儿至馒头吸饱牛奶。

4　热锅中倒入吸足牛奶的馒头，开大火，加盖，煎约3分钟至馒头底部焦黄。

5　揭盖，翻面，续煎约2分钟至整体焦黄。

6　关火后盛出焦香牛奶小馒头，装盘即可。

彩蔬蒸蛋

土豆起司西蓝花球

彩蔬蒸蛋

【营养功效】熟透的玉米粒和豌豆便于宝宝咀嚼。几种蔬菜混合在一起，营养丰富，适合宝宝食用。

扫一扫二维码
视频同步学美味

原料

鸡蛋2个，玉米粒45克，豌豆25克，胡萝卜30克，香菇15克

调料

盐、鸡粉各3克，食用油少许

做法

1　香菇切丁，胡萝卜切丁；锅中注水烧开，加入盐、食用油，氽胡萝卜、香菇至熟，氽玉米粒、豌豆至断生，捞出，沥干，待用。

2　取一个大碗，打入鸡蛋，加入少许盐、鸡粉，倒入蒸盘，待用；将焯过水的材料装入碗中，加入少许盐、鸡粉、食用油，拌匀，待用。

3　中火蒸蛋液5分钟，将拌好的材料放在蛋液上，摊开铺匀，再蒸约3分钟至熟即可。

土豆起司西蓝花球

【营养功效】土豆含有丰富的维生素及钙、钾等微量元素，且易于消化吸收，给宝宝当正餐或零食均可。

原料

土豆、西蓝花各60克，儿童奶酪25克

做法

1　土豆切成小块；蒸锅上火烧沸，放入装有土豆块的盘子，蒸熟后取出。

2　锅中注入适量清水烧开，下入洗净的西蓝花，煮至断生后捞出，放凉，切碎。

3　取一碗，放入土豆和奶酪，用勺子压成泥。

4　加入切碎的西蓝花，搅拌均匀，制成泥球即可。

南瓜布丁

【**营养功效**】南瓜中丰富的类胡萝卜素能转化成维生素 A，对促进宝宝生长发育有重要作用。

原料

南瓜30克，布丁粉5克，牛奶15毫升

烹饪技巧

混合牛奶、南瓜泥和布丁粉时不能心急，需要小火慢煮，并且不断搅拌，直至完全溶化。

做法

1 南瓜洗净，去皮和籽。

2 将南瓜蒸熟后磨成泥。

3 锅中加入布丁粉。

4 再加入牛奶和南瓜泥。

5 以小火边煮边搅拌至完全溶化。

6 放凉后盛入容器中。

7 放进冰箱冷藏 1 ~ 2 个小时。

8 待完全凝固后即可食用。

胡萝卜红薯条

【营养功效】红薯含有黏液蛋白，能提高宝宝免疫力；所含的钙和镁，能预防宝宝骨质疏松症。

原料

胡萝卜、红薯各80克

烹饪技巧

蒸胡萝卜条和红薯条的时候，可以根据需要调整蒸的时间，想要软一些可以蒸久一点。

做法

1 将胡萝卜洗净。

2 将胡萝卜切成长条。

3 将红薯洗净。

4 将红薯切成长条。

5 将切好的胡萝卜、红薯装入蒸盘中，待用。

6 电蒸锅注水烧开，放入蒸盘，盖上盖，蒸至食材熟软。

7 揭开锅盖，取出蒸盘，稍微放凉后即可食用。

菠菜蒸蛋羹

奶香杏仁豆腐

菠菜蒸蛋羹

扫一扫二维码
视频同步学美味

【营养功效】菠菜配鸡蛋，对宝宝肠胃和神经系统大有裨益，而且是很好的健脑食品。

原料

菠菜25克，鸡蛋2个

调料

盐、鸡粉各2克，芝麻油适量

做法

1　择洗好的菠菜切碎，待用。

2　鸡蛋打入碗中，用筷子搅散打匀，倒入备好的清水，放入盐、鸡粉，搅匀调味，再放入菠菜碎。

3　备好电蒸锅烧开，放入蛋液。

4　盖上锅盖，将时间旋钮调至 10 分钟。

5　掀开锅盖，将蛋羹取出，淋上适量芝麻油即可食用。

奶香杏仁豆腐

扫一扫二维码
视频同步学美味

【营养功效】牛奶和杏仁丰富了豆腐的味道，本品对宝宝牙齿、骨骼的生长发育颇为有益。

原料

豆腐150克，琼脂60克，杏仁30克，杏仁粉40克，糖桂花20克，牛奶100毫升

调料

白糖、盐各适量

做法

1　备好的豆腐对半切开，切条，切块，待用。

2　锅中倒入牛奶、琼脂、少许清水，加入杏仁、盐、白糖、杏仁粉，搅匀，煮沸。

3　倒入豆腐，略煮片刻至入味，盛入塑料盒中，待用。

4　用塑料袋将塑料盒装好，放入冰箱冷藏 2 个小时。

5　取出豆腐，去除塑料袋，切成大块，装入盘中，淋上糖桂花即可。

什锦蔬菜汤

【营养功效】宝宝多吃蔬菜有利于补充膳食纤维、维生素等营养物质，多种蔬菜一起煮汤，味道更丰富。

原料

白萝卜100克，西红柿50克，黄豆芽15克，葱花5克

调料

盐、鸡粉各2克，食用油适量

烹饪技巧

制作时，可根据宝宝的喜好，增加一些蔬菜的种类，制作方式不变。

做法

1 洗净的白萝卜去皮切片，切条，再切丁；洗净的西红柿切成片，待用。

2 取一个杯子，放入白萝卜、西红柿、黄豆芽。

3 注入适量清水，放入盐、食用油、鸡粉，搅拌匀。

4 用保鲜膜将杯口盖住。

5 电蒸锅注水烧开，放入杯子，加盖，调转旋钮定时蒸15分钟。

6 待时间到揭开盖，将杯子取出，揭开保鲜膜，撒上葱花即可。

扫一扫二维码
视频同步学美味

青菜肉末汤

【营养功效】上海青搭配肉末，既可为宝宝补充膳食纤维、维生素等成分，又可增加宝宝对蛋白质等物质的摄入。

原料

上海青100克，肉末85克

调料

盐少许，水淀粉、食用油各适量

烹饪技巧

制作时水淀粉要在快出锅的时候加入，且不宜加入太多，以免过于黏稠，影响成品口感。

扫一扫二维码
视频同步学美味

做法

1 汤锅中注入适量清水，用大火烧开，放入洗净的上海青，煮约半分钟至断生，捞出，放凉备用。

2 将上海青切成丝，再切成粒，剁碎。

3 用油起锅，倒入肉末，搅松散，炒至转色，倒入适量清水，拌匀。

4 放入少许盐，倒入上海青，搅拌匀，淋入少许水淀粉，拌匀煮沸。

5 将煮好的汤料盛出，装入碗中即成。

草莓香蕉奶糊

杂蔬丸子

草莓香蕉奶糊

【营养功效】酸奶配上水果，具有促进宝宝生长发育、开胃消食等功效。

扫一扫二维码
视频同步学美味

原料

草莓80克，香蕉、酸奶各100克

做法

1 将洗净的香蕉切去头尾，剥去果皮，切成条，改切成丁。

2 洗好的草莓去蒂，对半切开，备用。

3 取榨汁机，选择搅拌刀座组合，倒入切好的草莓、香蕉。

4 加入适量酸奶，盖上盖。

5 选择"榨汁"功能，榨取奶糊。

6 断电后揭开盖，将榨好的奶糊装入杯中即可。

杂蔬丸子

【营养功效】玉米的维生素和植物纤维含量很高，宝宝在咀嚼的过程中，还能增强牙齿的功能。

扫一扫二维码
视频同步学美味

原料

土豆150克，胡萝卜70克，香菇30克，
芹菜20克，玉米粒120克

调料

盐、鸡粉各2克，生粉适量，芝麻油少许

做法

1 土豆切小块，芹菜切碎，胡萝卜切成粒，香菇切粒；锅中注水烧开，加入盐，焯胡萝卜、香菇、玉米粒，至其断生，捞出待用。

2 将土豆蒸熟，用力压成泥，放入胡萝卜、香菇、芹菜、盐、鸡粉、芝麻油、适量生粉，拌至起劲。

3 将土豆泥做成数个小丸子，粘裹上玉米粒，蒸约5分钟至熟即可。

西瓜西红柿汁

【营养功效】西红柿与西瓜一起榨汁，具有健胃消食、润肠通便等功效，还能为宝宝补充水分。

原料

西瓜果肉120克，西红柿70克

烹饪技巧

西瓜本身含有大量的水分，不宜再添加过多的清水，以免冲淡果汁，影响口感。

做法

1 将西瓜去皮取果肉，将西瓜果肉切成小块，洗净的西红柿切开。

2 再将西红柿切成小瓣，待用。

3 取榨汁机，选择搅拌刀座组合，倒入切好的食材。

4 注入少许纯净水，盖上盖。

5 选择"榨汁"功能，榨取果汁。

6 断电后倒出西瓜西红柿汁，装入杯中即可。

扫一扫二维码
视频同步学美味

紫薯山药豆浆

【营养功效】紫薯、山药和富含蛋白质的黄豆搭配，具有增强机体免疫力、促进宝宝肠胃蠕动的作用。

原料

山药20克，紫薯15克，水发黄豆50克

烹饪技巧

制作这款豆浆时，可根据自己的需要决定加入的水量。如果喜欢喝稀的，不妨多加一点儿水。

扫一扫二维码
视频同步学美味

做法

1 洗净去皮的山药切成滚刀块，待用；洗好的紫薯对半切开，再切块，备用。

2 将已浸泡8小时的黄豆倒入碗中，注入适量清水，用手搓洗干净，倒入滤网中，沥干水分；将备好的紫薯、山药、黄豆倒入豆浆机中，注入适量清水，至水位线即可。

3 盖上豆浆机机头，选择"五谷"程序，再选择"开始"键，开始打浆，待豆浆机运转约15分钟，即成豆浆。

4 将豆浆机断电，取下机头。

5 把煮好的豆浆倒入滤网中，滤取豆浆，将滤好的豆浆倒入杯中即可。

　　最近身体不舒服，妈妈给我准备食物时，一定要少一点、淡一点、软一点，这样我才能够吸收食物的营养，快快康复。

7

Chapter

宝宝生病时：

妈妈说，
我要这样吃才能好得快!

　　若是宝宝一直能精力充沛地吃辅食，当然最好了。但宝宝毕竟还小，身体器官功能尚不完善，免疫系统较为脆弱，很容易受到疾病的侵扰。如果宝宝在断奶期间生病了，妈妈该如何给宝宝准备食物，才能增加宝宝的食欲，减轻不适，加快宝宝康复速度，避免他病后消瘦呢?

感冒

宝宝长到约6个月大时，体内的母体免疫球蛋白逐渐耗尽，来自母体的抵抗力下降，而宝宝自身的免疫系统尚不健全，因而非常容易受到感冒等疾病的侵袭。宝宝感冒后，可能会出现流鼻涕、打喷嚏、咳嗽、发热、食欲大减等症状，部分宝宝还会出现腹痛、呕吐等。为了减轻宝宝感冒的不适，妈妈可利用食疗方法来补充宝宝的精力，增加宝宝的食欲，避免病后消瘦。

1 饮食调理原则

→ 补充一些易于消化、高营养的流质或半流质食物，如稀粥、菜汤。

→ 多吃富含维生素C的新鲜蔬菜和水果，增强抵抗力。

→ 有生病苗头时，适当食用一些有辅助治疗、抗病作用的食物，如葱白水、川贝梨水。

→ 不要给宝宝吃油腻、生冷、寒凉的食物，以免造成脾胃受损，加重症状。

★宝宝感冒时不爱吃东西，所以辅食要做到少而精、好入口、易消化。

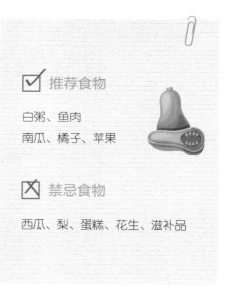

☑ 推荐食物

白粥、鱼肉
南瓜、橘子、苹果

☒ 禁忌食物

西瓜、梨、蛋糕、花生、滋补品

2 生活照护要点

→ 喝水量一定要够，保证一天有300毫升左右的饮水。

→ 根据气候变化适时增减衣服，宝宝发热时，不要过度保暖，不要穿太多、盖太多。室内要勤开窗通风换气，湿度保持在50%～60%。

→ 增加宝宝的户外活动，多让宝宝接触新鲜空气和阳光，以提高呼吸道黏膜的抗病能力。宝宝在室内时也要注意让他多活动，如爬行、走路、蹦跳等。

3　调理食谱

橘子稀粥

原料

水发米碎90克，橘子果肉60克

做法

1　取榨汁机，选择搅拌刀座组合，放入橘子肉，注入适量温开水，盖上盖。

2　通电后选择"榨汁"功能，榨取果汁；断电后倒出果汁，滤入碗中，备用。

3　砂锅注水烧开，倒入洗净的米碎，搅匀。

4　盖上盖，烧开后用小火煮约20分钟。

5　揭盖，倒入橘子汁，搅拌匀，关火后盛出即可。

扫一扫二维码
视频同步学美味

鳕鱼糊

原料

鳕鱼50克，水发大米100克

做法

1　鳕鱼去皮取肉，切成丁，倒入开水锅中，氽至转色，捞出待用。

2　大米倒入热锅中，翻炒至半透明状，放入鳕鱼丁，注入适量清水，稍稍搅拌。

3　盖上盖，煮约20分钟；揭盖，将粥盛入碗中，放凉后用榨汁机打碎。

4　奶锅中倒入鳕鱼糊，搅匀，煮沸，将鳕鱼糊用滤网滤入碗中即可。

扫一扫二维码
视频同步学美味

167

发热

宝宝正常的基础体温是36.9～37.5℃，当体温超过38℃时，就意味着发热，当体温超过39℃时，就意味着高热。宝宝发热是一种症状，而不是一种疾病，通常是由于宝宝感染病毒或细菌造成的。发热后，一般在医生的指导下采取物理降温或适当服用退热药物即可痊愈，只有在极少数情况下，宝宝会因突发高热而引起惊厥发作。

1 饮食调理原则

→ 宝宝发热容易使体内水分流失，可以适当喝粥、汤等富含水分的食物。

→ 家长应为宝宝准备一些具有清热解毒功效的食物，缓解症状。

→ 发热后，宝宝消化能力会下降，食物应营养丰富和易消化。

→ 发热易消耗蛋白质和维生素等营养物质，可多食含这些营养物质的食物。

★宝宝发热时不爱吃固体食物，妈妈不要强迫他，可多准备液体辅食。

☑ 推荐食物

冬瓜、南瓜
西瓜、青菜、绿豆

☒ 禁忌食物

肥肉、蛋糕、巧克力、辣椒、胡椒

2 生活照护要点

→ 给宝宝擦洗身体时，不可用冷水降温，要用温水，洗澡后要用干毛巾擦干宝宝身体，因为毛巾与皮肤之间的摩擦能够促进血液循环，带走身体的热量。

→ 宝宝的穿着要轻薄透气，厚重的衣服会阻碍热量散发。

→ 注意让宝宝多休息，减少活动量，因为过量活动会升高体温，但是也不要让宝宝一直躺在床上，可以适量做一些活动量小的事情。

3 调理食谱

冬瓜绿豆粥

原料

冬瓜200克，水发绿豆60克，水发大米100克

调料

冰糖20克

做法

1 洗净去皮的冬瓜切条，再切小丁，备用。

2 砂锅中注水烧开，倒入大米，搅匀，放入绿豆，搅匀。

3 加盖，烧开后用小火煮约30分钟；揭盖，放入冬瓜，搅匀，用小火续煮至冬瓜熟烂，加入冰糖，煮至溶化即可。

扫一扫二维码
视频同步学美味

牛肉南瓜粥

原料

水发大米90克，去皮南瓜85克，牛肉45克

做法

1 蒸锅上火烧开，放入南瓜、牛肉，用中火蒸约15分钟，取出，放凉待用。

2 将牛肉切片，改切成粒；南瓜剁碎。

3 砂锅注水烧开，倒入大米，搅匀，加盖，烧开后用小火煮约10分钟。

4 揭开盖，倒入牛肉、南瓜，拌匀；加盖，用中小火煮约20分钟；揭盖，搅拌几下，至粥浓稠，关火后盛出即可。

扫一扫二维码
视频同步学美味

咳嗽

咳嗽是人体的一种保护性呼吸反射动作，通过咳嗽反射能有效清除呼吸道内的分泌物或进入气道的异物。咳嗽也是某些疾病的症状之一，主要是由咽喉或气管感染病毒引起的，少数情况下是由于后鼻道感染引起的。当宝宝出现咳嗽的症状时，往往在夜间难以入眠，喘息或呼吸频率加快，如果咳嗽持续1周以上，家长应尽快带宝宝就医。

1 饮食调理原则

→ 咳嗽后要注意给宝宝补充水分，多喂白开水，将痰液稀释和润滑喉咙，也可以喂汤水。

→ 因受风寒而咳嗽的宝宝，可吃一些温热、有化痰止咳功效的食物；因上火引起咳嗽的宝宝，可吃些清肺食物。

→ 宜给宝宝选择易消化、高营养，又比较黏稠的食物，不可食用寒凉、肥厚的食物。

★宝宝咳嗽时如果伴有严重的呕吐，应坚持少食多餐的饮食原则。

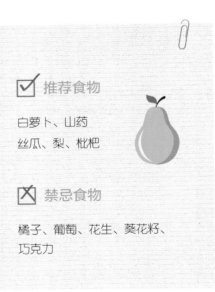

☑ 推荐食物

白萝卜、山药
丝瓜、梨、枇杷

☒ 禁忌食物

橘子、葡萄、花生、葵花籽、巧克力

2 生活照护要点

→ 冬天外出时，用围巾或丝巾包住宝宝的鼻子和嘴巴，以免吸入冷空气，加重症状。

→ 咳嗽时可以让宝宝直立上半身，家长有节奏地轻拍其背部，促进痰液排出，使呼吸变得顺畅。

→ 在宝宝的房间放加湿器，可以增加空气湿度，但要注意经常清洗。

3　调理食谱

白萝卜稀粥

原料

水发米碎80克，白萝卜120克

做法

1　洗好去皮的白萝卜切成片，再切条形，改切成小块，装盘待用。

2　取榨汁机，放入白萝卜，注入少许温开水，将白萝卜榨出汁水，装碗待用。

3　砂锅置于火上，倒入白萝卜汁，加盖，用中火煮至沸；揭盖，倒入米碎，搅匀。

4　加盖，烧开后用小火煮至食材熟透；揭盖，搅匀，关火后盛出即可。

扫一扫二维码
视频同步学美味

山药玉米马蹄露

原料

马蹄140克，山药180克，玉米粒130克

做法

1　洗净去皮的马蹄切片，切碎。

2　洗净去皮的山药切片，切条，切丁，待用。

3　备好豆浆机，倒入马蹄、山药、玉米粒，注入1100毫升清水，搅拌一下。

4　盖上盖，按下"选择"键，选定"打浆"，再按"启动"键，将食材打成汁。

5　取下机头，将汁水倒入杯中即可。

扫一扫二维码
视频同步学美味

呕吐

呕吐是宝宝常见的症状，很多因素都可能引起宝宝呕吐，如喂养不当，使得某些食物无法消化或引起过敏等；环境温度过高或过低造成宝宝的肠胃功能紊乱等；胃肠病菌感染和呼吸道感染等；宝宝如果患有感冒、肺炎等疾病，也可能引起呕吐。另外，如果宝宝的食管和胃之间的肌肉没有发挥正常作用，使胃里的食物向上反涌到咽喉处，也会导致呕吐。宝宝在呕吐前，往往会烦躁不安，妈妈应细心观察。

1 饮食调理原则

→ 给宝宝的食物要清淡、少油、少渣、稀软、易消化，如米汤、稀粥、米糊等，并坚持少量多餐。

→ 禁止喂宝宝辛辣、油腻、厚味的食物。

→ 呕吐非常严重的宝宝，应该暂时禁食，等情况好转后再喂食。

→ 宝宝大量呕吐时，会失去大量水分，所以要多补充水分，以防脱水。

★母乳喂养的妈妈，自身也要注意不能吃生冷、辛辣的食物。

☑ 推荐食物

小米、大米、麦片牛奶、苹果

☒ 禁忌食物

羊肉、狗肉、辣椒、胡椒、芥末

2 生活照护要点

→ 呕吐时让宝宝取侧卧位，或者把头低下，以防止呕吐物吸入气管。

→ 家长要注意宝宝呕吐的方式、次数，呕吐物的形状、气味以及大小便等情况，还有呕吐时的伴随症状，详细向医生说明情况，有助于医生的诊断和治疗。

3　调理食谱

大米粥

原料

水发大米120克

做法

1　砂锅中注入适量清水，大火烧开。

2　倒入洗净的大米，搅散、拌匀。

3　盖上盖，烧开后用小火煮约 30 分钟，至米粒熟透。

4　揭盖，搅拌一会儿，转中火略煮。

5　关火后盛出煮好的大米粥，装在碗中即可。

扫一扫二维码
视频同步学美味

苹果土豆粥

原料

水发大米130克，土豆40克，苹果肉65克

做法

1　将苹果肉切片，再切丝，改切成丁；土豆切片，改切成丝，再切碎，待用。

2　砂锅注水烧开，倒入洗净的大米，搅匀。

3　盖上盖，烧开后转小火煮约 40 分钟，至米粒熟软。

4　揭盖，倒入土豆碎，拌匀，煮至断生，放入苹果，拌匀，煮至散出香味。

5　关火后将粥盛入碗中即可。

扫一扫二维码
视频同步学美味

腹泻

宝宝的消化器官尚未发育成熟，消化能力较弱，但生长速度快，需要很多营养物质，在喂养过程中，稍有不慎就容易造成腹泻。给宝宝添加辅食时，吃得太多或者不适应，都有可能引起腹泻。出现腹泻症状后，症状较轻的宝宝每日大便的次数在10次以下，症状严重者每日可达10～20次，大便呈黄绿色、水样带少量黏液，还可能会伴有恶心、呕吐、食欲不振等现象。

1 饮食调理原则

→ 限制脂肪和糖类的摄入，以防刺激肠壁和增加肠道蠕动，加重腹泻症状。

→ 食物量减少了，但宝宝的营养需求量增加了，应为宝宝准备一些高营养的食物。

→ 腹泻容易导致宝宝脱水，可适当喂宝宝米汤、盐稀饭等补充流失的水分。

→ 人工喂养的宝宝可适当喂些酸奶，能刺激胃肠道消化酶分泌和杀菌。

★减少食物量后，宝宝想吃东西时也不能让他饿着，应适量喂食。

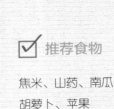

☑ 推荐食物

焦米、山药、南瓜
胡萝卜、苹果

☒ 禁忌食物

蛋糕、辣椒、西瓜、柚子、梨

2 生活照护要点

→ 宝宝穿过的衣服，用过的便盆、餐具、玩具等都要经过消毒，减少细菌再次感染的机会。

→ 注意宝宝腹部的保暖，以免腹部受凉，使肠道蠕动加快，加重腹泻。

→ 宝宝排便后要用温水清洗其肛门及周围皮肤。

3 调理食谱

焦米汤

原料

大米140克

做法

1 锅置火上，倒入备好的大米，炒出香味，转小火，炒约4分钟，至米粒呈焦黄色。

2 关火后盛出食材，装在盘中，待用。

3 砂锅中注入适量清水烧热，倒入炒好的大米，搅拌匀。

4 盖上盖，烧开后用小火煮约35分钟，至食材析出营养物质。

5 揭盖，搅拌几下，关火后盛出即可。

扫一扫二维码
视频同步学美味

嫩南瓜糯米糊

原料

糯米粉40克，嫩南瓜55克

做法

1 将嫩南瓜去皮、去瓜瓤，再切丝，改切成丁，待用。

2 锅置火上，放入嫩南瓜，拌匀，至其变软，倒入糯米粉，拌匀，注入适量清水，调匀。

3 关火后盛出，滤在碗中，制成米糊。

4 另起锅，倒入米糊，煮约6分钟，边煮边搅拌，至食材成浓稠的糊状，关火后盛入碗中即可。

扫一扫二维码
视频同步学美味

便秘

粪便在结肠内积聚的时间过长，水分被过量地吸收，导致粪便干燥而难以排出，就容易造成宝宝便秘。便秘产生后，宝宝排出的粪便又干又硬，像鹅卵石样，排便时还可能会伴有鲜血。排便后肛门部位也会产生疼痛等不适，从而导致宝宝不愿排便，腹部胀满，食欲减退，情绪低落等。妈妈应该注意观察宝宝每日排便的次数以及粪便的状态，以此来判断宝宝是否有便秘症状。

1 饮食调理原则

→ 多喂宝宝吃富含膳食纤维的杂粮、新鲜蔬菜和水果，促进肠道蠕动。

→ 尽量不要喂宝宝吃高脂肪、高胆固醇的食物，这些食物不易消化，容易残留在肠道中，加重便秘。

→ 多喂宝宝喝水，可以适当喝些蜂蜜水润滑肠道，缓解便秘症状。

★妈妈应保证宝宝营养摄入均衡，以免蛋白质等摄入过量引起便秘。

☑ 推荐食物

小米、青菜、南瓜
香蕉、核桃

☒ 禁忌食物

花椒、橘子、荔枝、红枣、辣椒

2 生活照护要点

→ 宝宝便秘时，妈妈可用手掌在宝宝腹部画圆圈来轻轻按摩，促进宝宝肠道蠕动。

→ 家长可适当增加宝宝的活动量，因为体能消耗多，会促进肠胃蠕动，使粪便自然排出。

→ 可用棉花棒蘸点油插入宝宝肛门，从而起到刺激肛门的作用，帮助宝宝排便。

③ 调理食谱

酸奶玉米茸

原料

玉米粒90克，酸奶50毫升

做法

1 沸水锅中倒入洗净的玉米粒，汆一会儿，至断生捞出，沥干水分，装盘待用。

2 取出榨汁机，打开盖子，倒入汆好的玉米粒，加入酸奶。

3 盖上盖子，按下"榨汁"键，榨约30秒成酸奶玉米茸。

4 按下"榨汁"键，停止运作。

5 将榨好的酸奶玉米茸装入碗中即可。

扫一扫二维码
视频同步学美味

包菜苹果芹菜汁

原料

包菜、苹果各80克，芹菜30克

做法

1 洗净的包菜去芯，切成小块；洗净的芹菜切小段；洗好的苹果切小块。

2 取备好的榨汁机，倒入切好的食材，注入适量温水，盖好盖子。

3 选择"榨汁"功能，榨取蔬菜汁。

4 断电后倒出蔬菜汁，装入杯中即成。

过敏

过敏是宝宝免疫系统抵御外界刺激的正常反应。有些宝宝会对某些食物过敏，也有些宝宝产生过敏反应与家族遗传有关。在出生后1年内出现过食物过敏的宝宝，约有一半会在两三岁时得到缓解。宝宝产生过敏反应后会出现腹痛、腹泻、腹胀、嘴唇、舌头或口腔肿胀、咳嗽、哮喘、轻度或严重的呼吸困难、皮肤瘙痒，出现湿疹等症状，有些宝宝还会出现烦躁、哭闹或嗜睡等现象。

1 饮食调理原则

→ 有些妈妈会对某些食物过敏，并遗传给宝宝，母乳喂养时应避免摄入这些食物。

→ 添加新的辅食时，应为单一食物，少量添加，以便观察宝宝胃肠道的耐受性和接受能力，这样可以发现宝宝对哪些食物会产生过敏反应。

→ 禁止给宝宝喂含人工色素、防腐剂、香料等的食物。

★确定宝宝对哪些食物过敏后，可用营养相近的食物替代过敏食物进行喂养。

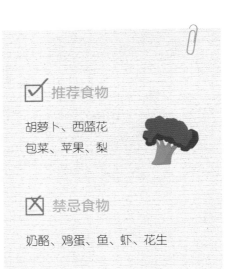

☑ 推荐食物

胡萝卜、西蓝花
包菜、苹果、梨

☒ 禁忌食物

奶酪、鸡蛋、鱼、虾、花生

2 生活照护要点

→ 记录下宝宝日常活动的情况、活动场所、吃过的食物等，以便找出过敏源，避免让宝宝接触易引起过敏的食物或物体。

→ 让宝宝多活动，提高抵抗力，减少过敏现象的发生。

→ 保持宝宝生活的环境洁净无尘，房间要经常通风换气。

梨子糊

原料

去皮梨子30克，粳米粉40克

做法

1 洗净去皮的梨子切碎，待用。

2 奶锅置于火上，注入清水，倒入粳米粉，用中火煮约 3 分钟至粳米粉溶化。

3 放入梨子碎，搅拌约 3 分钟。

4 关火后盛出煮好的梨子糊，用过滤网过滤到碗中。

5 将梨子糊倒入奶锅中，用小火煮至梨子糊黏稠，关火后将梨子糊装碗即可。

扫一扫二维码
视频同步学美味

包菜萝卜粥

原料

水发大米120克，包菜30克，白萝卜50克

做法

1 包菜切丝，再切碎；白萝卜切片，再切丝，改切成碎末，待用。

2 砂锅中注入适量清水烧开，倒入洗净的大米，搅匀。

3 加盖，烧开后转小火煮约 40 分钟至米粒熟软；揭盖，倒入白萝卜碎、包菜碎，拌匀，略煮，至食材熟透。

4 关火后盛入碗中即可。

扫一扫二维码
视频同步学美味

苹果稀粥

原料

水发米碎65克，苹果80克

做法

1. 洗净去皮的苹果对半切开，去核，再切成小瓣，改切成丁。

2. 取榨汁机，倒入切好的苹果，注入少许温开水，榨取果汁；断电后倒出苹果汁，滤入碗中。

3. 锅中注入适量清水，烧开，倒入备好的米碎，拌匀，煮约30分钟至熟。

4. 倒入苹果汁，拌匀，用大火煮2分钟至其沸，关火后盛出煮好的稀粥即可。

扫一扫二维码
视频同步学美味

甜南瓜稀粥

原料

米碎60克，南瓜75克

做法

1. 洗好去皮的南瓜切成小块，装入盘中。

2. 蒸锅置于火上烧开，放入装有南瓜的蒸盘，用中火蒸20分钟至其熟软。

3. 取出南瓜，放凉后压碎，碾成泥，备用。

4. 砂锅中注入适量清水烧开，倒入米碎，将其搅散，盖上盖，用大火烧开后转小火煮20分钟至熟。

5. 揭开盖，倒入南瓜泥，搅匀，使其与米粥混合均匀，关火后盛出煮好的南瓜稀粥即可。

扫一扫二维码
视频同步学美味